无人机专业创新型人才培养规划教材·中等职业教育

U0204184

无人机技术导论

远洋航空教材编写委员会　编

北京航空航天大学出版社

内 容 简 介

本书针对中等职业教育的培养目标，围绕无人机操控与维修专业的技能要求，秉承以实用为主、够用为度的理念编写。本书内容通俗易懂、广而不深、可操作性较强。

本书共 11 个单元，每个单元采用"任务＋知识点"的形式，以无人机系统为中心重点介绍与其相关的基础知识，包括无人机的认知、无人机机体结构及飞行原理、无人机动力系统、无人机飞控系统、无人机导航系统、无人机通信链路系统、无人机地面控制站、无人机任务载荷系统、无人机行业应用、无人机操控系统、无人机法律法规与飞行安全。

本书可作为中等职业院校无人机操控与维修及相关专业的教材，也可作为无人机爱好者和培训机构的参考用书。

图书在版编目(CIP)数据

无人机技术导论 / 远洋航空教材编写委员会编. --
北京：北京航空航天大学出版社，2019.9
  ISBN 978 - 7 - 5124 - 3102 - 7

Ⅰ. ①无… Ⅱ. ①远… Ⅲ. ①无人驾驶飞机－中等专业学校－教材 Ⅳ. ①V279

中国版本图书馆 CIP 数据核字(2019)第 188381 号

无人机技术导论

远洋航空教材编写委员会　编
责任编辑　董　瑞　周世婷
*
北京航空航天大学出版社出版发行

北京市海淀区学院路 37 号(邮编 100191)　http://www.buaapress.com.cn
发行部电话：(010)82317024　传真：(010)82328026
读者信箱：goodtextbook@126.com　邮购电话：(010)82316936
北京建宏印刷有限公司印装　各地书店经销
*
开本：787×1 092　1/16　印张：8.75　字数：224 千字
2019 年 9 月第 1 版　2024 年 8 月第 5 次印刷　印数：5 001～6 000 册
ISBN 978 - 7 - 5124 - 3102 - 7　定价：36.00 元

远洋航空教材编审委员会

主　　任：李国桢

副主任：王汇明　　卓士远

委　　员：（按姓氏笔画排序）

王占龙　王守志　王晓书　王铁明　马　铭

龙威林　李金生　李梅红　李刚毅　吕翠华

刘丰臻　刘永海　孙　莉　邹德伟　周志仁

周　童　贾海瀛　解永辉

远洋航空教材编写委员会

主　　任：李科文

副主任：陈巧云

委　　员：（按姓氏笔画排序）

丁安琪　王　旭　王贺涛　王鹏元　叶　威

白岩峰　朱　琳　刘学文　刘红宇　李文超

李海庆　杨　宁　苏李果　何　欢　张　童

陈天祥　夏春玲　唐　庚　梁建智

前　言

　　无人机凭借着可远程遥控和具有自主飞行能力、成本低、安全系数高等优点，广泛应用于军事领域，同时在民用领域也大放异彩，如在航空拍摄、农林病虫害防护、交通管制、应急救援、安全监测和物流快递等领域发挥着比传统方式更加出色的作用。本书紧跟无人机产业前沿技术，以无人机专业相关的基本概念、基本原理、基本技术和基本方法为主线，由编写委员会成员结合近年来的教学与实践经验编写而成。

　　本书遵循以实用为主、够用为度、由浅入深、由易到难、循序渐进的学习规律，系统地介绍了无人机技术相关知识，其主要内容包括：无人机的认知、无人机机体结构与飞行原理、无人机动力系统、无人机飞控系统、无人机导航系统、无人机通信链路系统、无人机地面控制站、无人机任务载荷系统、无人机行业应用、无人机操控系统、无人机法律法规与飞行安全。另外本书借助"远洋云课堂"教学平台，提供了海量立体化教学素材，主要通过二维码的形式展现，其中部分素材引用于网络，并标有来源，若有漏标之处，请与远洋航空教材编写委员会联系（邮箱：ffzh_jy@126.com）。

　　焚膏油以继晷，恒兀兀以穷年。本书是编写委员会成员所在的教学科研团队在无人机领域历年教学与科研实践工作的基础上，结合国内外相关文献的总结。感谢远洋航空为了推动中国民用无人机产业、教育、服务的快速发展，精心组织编写委员会成员参与本书的编写工作；感谢各位编审委员会委员和专家百忙之中抽出时间，为本书提供指导意见和相关素材；感谢在编写过程中给予帮助的所有朋友。

　　由于写作水平与时间有限，书中如有不足之处，恳请广大读者批评指正。

编　者

2019 年 7 月

目　　录

第1单元　无人机的认知

【描　述】

无人机是一个比较新的研究对象,而以军事应用为前身、依托无线电控制、聚焦低空飞行领域的无人机,似乎为这一对象的发展提供了方向,同时人工智能技术的不断成熟与信息网络化更是为无人机的发展增添了技术支持。对于我国来说,无人机不仅是一个新兴的技术领域,更推动了防灾救援、军事探测、环境保护等领域的变革,也成为配合智慧城市、数字中国等主题的物质载体。

【学习目标】

➢ 了解无人机与航空器的关系。
➢ 掌握无人机的定义。
➢ 了解无人机的分类及发展史。
➢ 掌握几种常见无人机的特点及应用。

任务1.1　无人机与航空器的关系

一、任务导入

人类所生活的地球被厚厚的大气层包围着,而大气层是地球表面上的气体因重力关系而围绕着地球的一层混合气体,其包围着海洋和陆地。随着生产力与科技水平的不断进步,人类的活动空间不仅仅局限在陆地、海洋、大气层内,已扩展到了宇宙空间,即外太空。航空航天等飞行器就是人类拓展大气层和宇宙空间的产物。

二、任务实施

知识点1:飞行器的概念

飞行器(Flight Vehicle),是由人类制造、能飞离地面、在大气层内或大气层外(宇宙空间)飞行的器械。根据活动范围,飞行器一般分为三大类,即航空器、航天器、火箭和导弹。

1. 航空器

航空器就是在大气层内飞行的飞行器,如气球、飞艇、飞机等,如图1-1所示。这些飞行器是靠空气的静浮力或相对空气运动产生的空气动力升空飞行的。

2. 航天器

航天器就是在外太空飞行的飞行器,如人造地球卫星、载人飞船、空间探测器、航天飞机等,如图1-2所示。这些飞行器在运载火箭的推动下获得必要的速度而进入太空,然后依靠惯性做与天体类似的轨道运动。

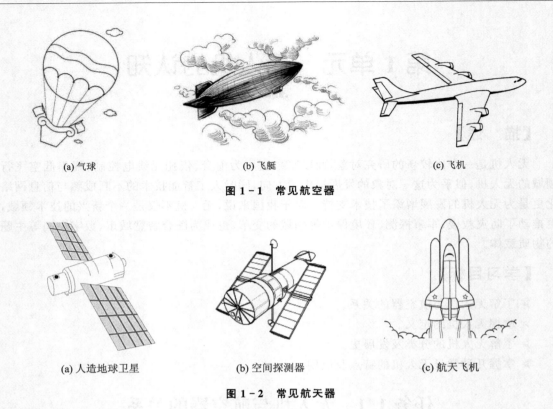

(a) 气球　　　　　　　　　(b) 飞艇　　　　　　　　　(c) 飞机

图 1-1　常见航空器

(a) 人造地球卫星　　　　　(b) 空间探测器　　　　　(c) 航天飞机

图 1-2　常见航天器

3. 火箭和导弹

火箭就是以火箭发动机为动力的飞行器，可以在大气层内飞行，也可以在大气层外飞行。导弹是装有战斗部件的可控制的火箭，有主要在大气层外飞行的弹道导弹和装有翼面在大气层内飞行的地空导弹、巡航导弹等。

知识点 2：无人机属于哪种飞行器

无人机分为军用无人机和民用无人机，如图 1-3 所示。除了特殊功能的军用无人机（如美国波音公司负责研制的 X37B）外，大多数无人机在大气层内飞行。根据飞行器的定义来看，无人机具备由人类制造、能飞离地面、并在大气层内飞行的飞行器的所有特征，故无人机属于航空器范畴。

(a) 军用无人机　　　　　　　　　　　　(b) 民用无人机

图 1-3　军用无人机和民用无人机

知识点 3：航空器的分类

任何航空器都必须产生大于自身重力的升力,才能升入空中。根据产生升力的原理,航空器可分为轻于空气的航空器和重于空气的航空器。前者靠空气静浮力升空;后者靠空气动力克服自身重力升空。航空器具体分类如图 1-4 所示。

热气球的工作原理

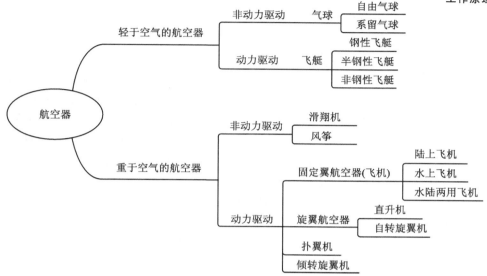

图 1-4　航空器的分类

三、任务总结

无人机作为航空器的一种,其市场价值呈现高速增长态势,正影响着人类的生活方式。诸多领域通过实施"无人机＋"计划与传统职业跨界融合,开拓了全新的产业发展新局面。本书后面的内容,会陆续介绍无人机的种类、应用系统等。

任务 1.2　初步认识无人机

一、任务导入

无人机已渗透在人类日常生活中,同时正在以难以预测的速度和方式影响着世界。无人机可以让我们换个角度看世界、换个方式去生活,也让这个世界变得更加自由。那么,到底什么是无人机呢?它为什么能家喻户晓呢?无人机都有哪些种类呢?下面内容将一一解决这些问题。

二、任务实施

知识点 1：无人机的定义

无人机,顾名思义可理解为无人驾驶的飞机,通常是指利用无线电遥控设备或控制系统操纵的不载人飞机。

中国民用航空局飞行标准司在 2016 年 7 月 11 日颁布的咨询通告 AC - 61 - FS - 2016 - 20R1《民用无人机驾驶员管理规定》中对无人机的明确定义如下：无人机（Unmanned Aircraft，UA）就是由控制站管理（包括远程操纵或自主飞行）的航空器，也称远程驾驶航空器（Remotely Piloted Aircraft，RPA）。

从定义不难看出，无人机就是"无人驾驶"的航空器，也就是说机上没有驾驶员或控制员；无人机的飞行姿态靠控制管理，即由地面上的控制站对无人机进行综合管理。无人机被控制站管理的行为结果就是被远程操控或自主飞行。

知识点 2：无人机出现的历史背景

由于政治的需求，世界上最先进的科学技术往往最早被应用于军事领域。例如，有人机，自 1903 年莱特兄弟创造出第一架飞机试飞成功后，很快就被应用到军事上，无人机也不例外。

1914 年，"无人驾驶飞机"的概念首次被提出。当时正值第一次世界大战，由于战争的需求，英国的卡德尔和皮切尔两位将军向英国军事航空学会提出了一项建议：研制一种不用人驾驶，而用无线电操纵的小型飞机，使它能够飞到敌方某一目标区上空，将事先装在小飞机上的炸弹投下去。这种大胆的设想立即得到当时英国军事航空学会理事长的认可，于是他指定由 A. M. 洛教授率领一班人马进行研制，此项计划被命名为"AT 计划"。

整个研制计划可谓是屡败屡战，最终于 1927 年，由 A. M. 洛教授参与研制的"喉"式单翼无人机在英国海军"堡垒"号军舰上成功地进行了试飞，如图 1 - 5 所示。当时该无人机载有 113 kg 炸弹，以 322 km/h 的速度飞行了 480 km。就此，无人机正式登上世界舞台。

图 1 - 5 "喉"式无人机

知识点 3：无人机与其他航空器的区别

1. 无人机与有人机

无人机在诸多方面有其独特的优势，无人机与有人机的对比如表 1 - 1 所列。

表 1 - 1 无人机与有人机的对比

对比点	无人机	有人机
人员伤亡情况	坠机无机载人员伤亡情况	坠机大概率会有人员伤亡
载人限制	不需要考虑人数及安全措施	需要考虑人数及安全措施

续表 1-1

对比点	无人机	有人机
尺寸	体积无限制	同等情况下,体积要比无人机大许多
成本	不需要培养驾驶员,成本较低	增加飞行员培养成本及制造成本
机动性	起降要求低、较为灵活	起降要求高,对比小型无人机较为笨重
自控性及可靠性	智能化水平不高,抗干扰能力较差	主要以飞行员操纵,抗干扰能力较强

2. 无人机与航模

航模(全名航空模型)是按照航空器外形制作的一种模型飞机,属于航空航天模型,是供操纵类飞行运动用的一种不载人的飞行器。无人机与航模的对比如表 1-2 所列。

表 1-2　无人机与航模的对比

对比点	航　模	无人机
应用	以娱乐、竞技为主,以应用为辅,如图 1-6 所示	以应用为主(无人机＋行业应用),如图 1-7 所示
飞行控制系统	没有飞行控制系统,需要操作人员通过遥控器实现航模的机动和姿态调整	有飞行控制系统,可以实现自主飞行
飞行范围	视距范围内操作飞行	可以视距内飞行,也可视距外飞行

图 1-6　各种航模

(a) 无人机物流

(b) 无人机植保

(c) 无人机航拍

(d) 无人机作战

图 1-7　"无人机＋"行业应用

3．无人机与导弹

无人机与导弹的共同点是机（弹）上无人驾驶，可遥控管理或自主飞行；不同点是无人机具有侦查功能且可重复使用，而导弹只能一次性使用。

知识点 4：无人机的分类

无人机与有人驾驶飞机相比，往往更适合那些太"愚钝、肮脏或危险"的任务，应用领域广泛，种类颇多，分类标准不一，具体分类如图 1-8 所示。

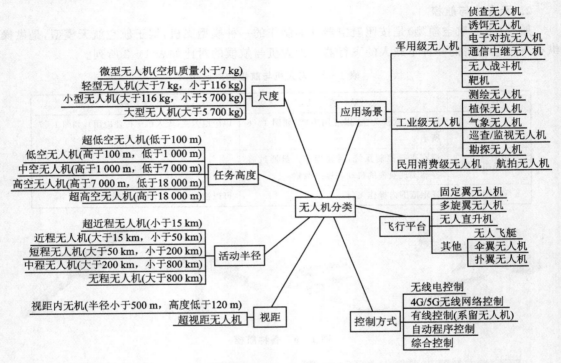

图 1-8　无人机分类

三、任务总结

本任务重点介绍了无人机的定义、历史背景、与其他航空器的区别、分类及应用等，通过学习本任务，可以对无人机有初步的认识。

任务 1.3　常用无人机的特点及应用领域

一、任务导入

无人机虽起源于军事需求，但其在民用领域大放异彩。无人机可谓是空中机器人，能够替代人类完成空中作业，同时与任务载荷设备结合能够扩展应用场景，实现"无人机＋"。本任务主要介绍几种常用无人机的特点及应用领域。

二、任务实施

知识点 1：军用、民用、消费级无人机及应用领域

1. 军用级无人机

军用级无人机灵敏度和飞行高度高，飞行航程远，飞行速度快，智能化要求高，是现代军事空中作战力量的重要组成成员。军用级无人机在几场局部战争中频频亮相，屡立战功，受到各国高度赞誉。军用级无人机具有无人员伤亡、隐蔽性好、应用场景广、性价比高等优势，在现代战争中将塑造新的作战模式。

2. 民用级无人机

民用级无人机飞行速度和飞行高度较低，飞行航程远，在农业植保、航拍摄像、电力巡线、新闻报道、保护野生动物、灾难救援等领域都有大量应用。例如在《航拍中国》第一季拍摄中，除了动用了 16 架载人直升机外，还有 57 架无人机参与其中。很多动物都是用无人机拍摄的，因为无人机噪声小，不会打扰它们，便于贴近。《航拍中国》陕西篇中，全世界唯一的一只棕色大熊猫就是用无人机拍摄的，如图 1-9 所示。

《航拍中国》
片段欣赏

图 1-9　航拍大熊猫

3. 消费级无人机

消费级无人机就是直接面向消费者的产品，此产品是属于消费级产品、娱乐的机器。目前消费级无人机主要用来自拍、娱乐或者竞技，其意义更多在于娱乐，很适合个人用户和对航拍感兴趣的摄影爱好者。图 1-10 所示为毕业季的航拍毕业照。

**2 100 架无人机
献礼祖国华诞**

知识点 2：常见无人机

从无人机外观特征来看，常见无人机主要有固定翼无人机、无人直升机、多旋翼无人机、垂直起降固定翼无人机、无人飞艇、扑翼机等，而扑翼机的应用比较少。

1. 固定翼无人机

固定翼无人机（见图 1-11）是动力驱动的、重于空气的一种无人机，其飞行升力主要由给定飞行条件下保持不变的翼面产生。

固定翼无人机相对较成熟，其飞行过程安全，有自稳定飞行平台，飞行距离长，巡航面积大，在大范围、航程远、长时间的地图测绘中有独特优势。但固定翼无人机的不足是：不能悬

图 1-10　航拍毕业照

图 1-11　固定翼无人机

停,只能按固定航线飞行,不够灵活;操作难度大,且使用成本较高。

2. 无人直升机

无人直升机(见图 1-12)是一种重于空气的无人机,其飞行升力主要由一个或多个动力驱动的旋翼产生,其运动状态改变一般通过操纵旋翼桨叶角来实现。无人直升机的优势是起降方便、航速适中、载荷较大、飞行距离长、巡航面积大、可以随时悬停,应用比较广泛;不足是购机成本较高。

图 1-12　无人直升机

3．多旋翼无人机

多旋翼无人机（见图1-13）是一种重于空气的无人机，其飞行升力主要由三个及三个以上动力驱动的旋翼产生，其运动状态改变一般通过操纵旋翼转速来实现。多旋翼无人机是一种新型的主流无人机，其优点较多，如体积小、重量轻、噪声小、隐蔽性好，适合多平台、多空间使用，可以垂直起降、悬停、侧飞、倒飞，飞行高度低，具有很强的机动性，结构简单，操控灵活，成本低，拆装便利，容易维护等。因此，多旋翼无人机的实际应用多种多样，但难于实现高空、高速、长时、快速地飞行，也较难实现环建筑物拍摄或者飞越大面积建筑群拍摄，且容易发生危险。

4．垂直起降固定翼无人机

垂直起降固定翼无人机（见图1-14）是一种重于空气的无人机，垂直起降是由与直升机、多旋翼类似的起降或直接产生推力等方式实现的，水平飞行由固定翼飞行方式实现，且垂直起降与水平飞行方式可在空中自由转换。

图1-13　多旋翼无人机

图1-14　垂直起降固定翼无人机

垂直起降固定翼无人机结合固定翼无人机续航时长及旋翼无人机垂直起降便捷无须跑道的优势，既能长时间飞行，又能在各类地理环境下进行起降。在巡检监控、航拍测绘、电力巡线、防灾减灾、地质勘测、城市应急监视、快速运输等领域得到广泛应用。

5．无人飞艇

无人飞艇是一种主要利用轻于空气的气体来提供升力的无人航空器，如图1-15所示。无人飞艇外壳通常采用最简易的软体气囊，其体积较小，成本较低，并且装有推进和控制飞行状态的设备，同时无人飞艇飞行时间相对较长，且可以携带较多任务载荷，因此无论是空中监视、巡逻、中继通信，还是任务搭载试验、电力架线等领域都有广泛的应用。

6．扑翼机

扑翼机，又称振翼机，是由鸟类或者昆虫启发而来的，具有可变形的小型翼翅，且机翼能像鸟和昆虫翅膀那样上下扑动，如图1-16所示。扑翼机正在向微型化、昆虫式发展，这样在战场上，不易引起敌人的注意。即使在和平时期，微型无人机也是探测核生化污染、探寻灾难幸存者、监视犯罪团伙的得力工具。

三、任务总结

本任务主要介绍了几种常见的无人机，并展开讨论了它们的优点及主要应用领域。通过本任务的学习，学生可以辨别无人机的种类，并能阐述各类无人机的特点及应用。

图 1-15 无人飞艇

图 1-16 扑翼机

任务 1.4 无人机系统

一、任务导入

无人机要完成工作任务,除需要无人机及其携带的任务设备外,还需要有地面控制设备、数据通信设备以及指挥控制和必要的操作、维修人员等,较大型的无人机还需要有专门的发射/回收装置。所以从完整意义上说,完成工作任务需要整个无人机系统(UAS)的协调工作。

二、任务实施

知识点 1:无人机系统的概念

无人机系统(Unmanned Aircraft System,UAS)是指由无人机以及与其相关的遥控站(台)、任务载荷和控制链路等组成的系统,如图 1-17 所示。

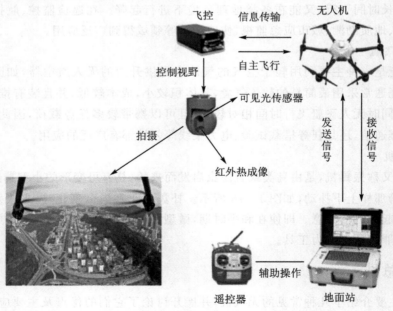

图 1-17 无人机系统示意图

知识点 2：无人机系统的组成

无人机系统主要由无人机飞行平台系统、任务载荷系统、地面控制系统、数据链路系统、地面保障设备等组成，如图 1-18 所示。

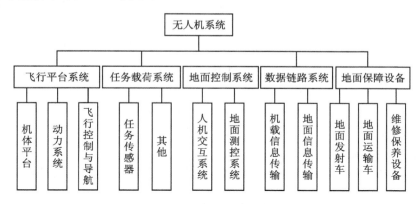

图 1-18　无人机系统组成框图

知识点 3：无人机系统各部分的作用

① 飞行平台系统：是执行任务的载体，可携带任务设备，到达目标区域完成要求的任务。

② 任务载荷系统：是无人机上所载的设备、武器、探测装置等。

③ 地面控制系统：就是地面的基站，是无人机的指挥中心。可将无人机发回来的信息进行分析、处理，同时也可给无人机下达各种指令。

④ 数据链路系统：是无人机与地面控制系统联系的纽带，是无人机系统中最关键的部分，也是最脆弱的部分。数据链路有上行通道和下行通道，上行通道实现对无人机的飞行控制；下行通道完成对无人机飞行状态参数的遥测。

⑤ 地面保障设备：包括装载车辆、维护设备、测试设备等。

三、任务总结

本任务主要介绍了无人机系统的概念、组成及各部分的功能。通过本任务的学习，学生能深入思考无人机完成飞行任务的流程、内容、以及涉及的原理等。

任务 1.5　无人机专业学习指导

一、任务导入

本教材作为无人机专业学生的入门级教材，旨在通过全面介绍无人机专业相关的知识、技能、法律法规、应用案例等，引导学生走进无人机，为学生提供学习该专业的指导思想。

二、任务实施

知识点 1：无人机专业介绍

2019 年，"无人机操控与维修"专业正式进入中等职业院校专业目录，学制三年，专业代码为 083300。

本专业旨在培养学生掌握无人机装配、无人机检修、无人机操控、无人机应用等方面的相关知识和实践技能。

无人机专业的核心课程主要有：飞行原理、动力技术、组装与调试、无人机操控、无人机机载设备应用及行业应用等课程。

无人机专业涉及的行业证书有：视距内民用无人机驾驶员执照、视距外民用无人机驾驶员执照、民用无人机教员执照、民用无人机垂直起降执照等。

知识点 2：无人机专业学习指导

无人机操控与维修是一个综合性高、知识面广、应用性强的专业。无人机专业的学习，需掌握以下几点内容。

1. 扎实的理论基础

无人机操控与维修专业的理论学习，既能让学生快速了解无人机相关理论知识，又能为实际工作应用奠定基础。无人机专业的理论课程涉及"无人机技术导论""无人机飞行原理""无人机动力与导航技术""无人机自动控制与智能开发技术""无人机装配与调试"等课程。其中，"无人机技术导论"会首先带领大家进入无人机的世界，了解无人机的发展史、分类、应用、材料、工艺等各方面知识。而"无人机装配与调试""无人机动力与导航技术""无人机自动控制与智能开发技术"等理论课程是无人机操纵、组装、维修、保养、设计等工作的理论基础与实操训练课程。

同时扎实的理论基础也能拓展大家总结无人机一般工作规律与工作特性的能力，训练大家洞察无人机不同知识领域间相互联系的能力，最终实现可在不同工作岗位之间随时调换。

2. 过硬的实操技能

更多的时候，无人机是作为工具出现的，因此会装、会调、会飞、会修是无人机专业学生的必备技能，也是从事无人机飞行作业的准入门槛。如：无人机操控手，必须具备娴熟的飞行操纵技能，才可能完成无人机航拍、测绘、农药喷洒等任务；无人机教员，必须掌握无人机基本结构、组装步骤、飞控调参、考证内容及流程等，才能统筹安排教学现场、空域规划、维护和控制、现场调度等工作；无人机销售总监，只有在具备丰富的飞行经验，熟悉飞机结构与性能的前提下，才能更好地对无人机产品进行推广销售及维护客户关系。总之，具有过硬的实操技能及飞行执照是从事无人机相关工作的基础和前提。

3. 丰富的实战经验

在诸多行业应用中，无人机主要作为工具参与项目，如植保、航拍、测绘、影视制作等。而学生如果能够参与无人机项目的开发、跟踪、实施、反馈以及总结等工作，必将对无人机专业的学习起到极大的促进作用。

项目实战即是无人机专业化培训的过程，也是无人机工作人员提升能力素质的重要途径。如：无人机植保作业项目，操控人员不仅要有过硬的飞行技术和丰富的飞行经验，还要掌握与农药相关的农业知识，这样才能有效地进行飞防作业。在项目实施过程中，不仅能够培养飞行人员无人机相关理论与技术，同时也能学习植保项目的实施流程、内容、注意事项等，更能培养从业者快速分析与完成工作任务的能力。

总之无人机的学习是循序渐进的过程，要立足于理论实践一体化，做到双证融通，追求应用拓展，这样才能真正成为新型高端技能人才。

三、任务总结

本任务主要介绍了"无人机操控与维修"专业的学习内容,并给出了学习指导,为初学者学习无人机提供了学习思路。

【知识点总结】

本单元知识点思维导图如图 1-19 所示。

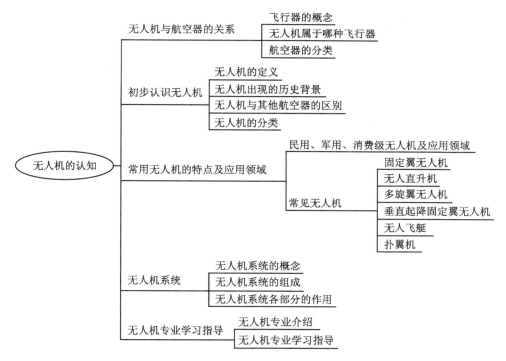

图 1-19 知识点思维导图

单元测试

学完本单元后,请同学们完成下表内容,并由教师给出综合评价。

班 级		姓 名		学 号		日 期	

一、相关知识

1. 无人机的英文缩写是_____。

A. UAS   B. UA.S   C. UA

2. 近程无人机活动半径为_____。

A. 小于 15 km   B. 15~50 km   C. 200~800 km

3. 轻型无人机是指空机质量_____。

A. 小于等于 7 kg   B. 大于 7 kg,小于 116 kg   C. 大于 116 kg,小于 5 700 kg

班　级		姓　名		学　号		日　期	

4. 常规固定翼/旋翼无人机是指 _____ 大气层内的空气的航空器。

A. 重于　　　　　　　B. 轻于　　　　　　　C. 等于

5. 将无人机的名称写在图下面的横线上。

_____　　　　_____　　　　_____

6. 阐述无人机系统的含义及组成。

二、评价反馈

1. 自我评价

2. 学生建议

成绩评定		教　师	

第 2 单元　无人机机体结构及飞行原理

【描　述】

本单元主要围绕"无人机机体结构及飞行原理"展开学习,首先介绍无人机机体在空中飞行时的大气环境以及为什么能飞;然后分别介绍固定翼无人机、无人直升机、多旋翼无人机等主流无人机的机体结构、飞行原理等。

通过本单元的学习,学生应掌握各类无人机机体的结构组成、功能、特点及飞行原理,为"无人机装配与调试""无人机操控飞行"等核心课程的学习奠定理论基础。

【学习目标】

➤ 了解无人机飞行环境及空气动力学基本知识。
➤ 掌握无人机产生升力的原理。
➤ 掌握固定翼无人机机体机构及飞行原理。
➤ 掌握无人直升机机体结构及飞行原理。
➤ 掌握多旋翼无人机机体结构及飞行原理。
➤ 掌握垂直起降固定翼无人机机体结构及飞行原理。

任务 2.1　无人机的飞行环境

一、任务导入

无人机是在大气中实现飞行的,要分析无人机为什么能飞,首先应了解大气的基本知识,即了解无人机的飞行环境。飞行环境对无人机的空气动力性能、发动机的工作状态、操控人员都有影响。

二、任务实施

知识点 1:大气飞行环境的概念

在地心引力的作用下,大量气体聚集在地球表面,形成数千千米高的大气层,地球就是被这样一层很厚的大气层包围着。大气层是无人机飞行活动的重要环境,无人机在大气层内飞行时所处的环境条件就是大气飞行环境。

知识点 2:大气组成成分

大气是混合气体,据统计,大气质量约为 6 000 万亿吨,约占地球总质量的百万分之一。大气主要由水分、干洁空气及悬浮其中的粉尘颗粒物组成,具体如表 2-1 所列。

表 2-1 大气的成分

大气成分		主要作用
干洁空气 （主要成分及 所占百分比）	氮气（N_2），占 78.1%	生物体的基本成分
	氧气（O_2），占 20.9%	维持生物活动的必要物质
	其他（二氧化碳、臭氧、氖气等），占 1%	CO_2：植物光合作用的原料，对地面保温 O_3：吸收紫外线，保护地球生物
水分		云、雨水、雾等形成的必要条件，参与全球的水循环
粉尘颗粒		对太阳辐射和地面辐射具有一定的吸收和散射作用，影响大气温度的变化

知识点 3：大气层的结构

整个大气层从垂直方向来观察，不同的高度，大气表现的特点不同。根据大气层气温的垂直分布，把大气层分为对流层、平流层、中间层、热层和散逸层，如图 2-1 所示。

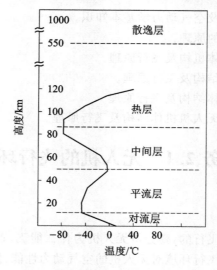

图 2-1 大气层结构

知识点 4：大气层各分层的特点及飞行区

大气层各层的高度、特点及适合哪种飞行器飞行的具体介绍如表 2-2 所列。

表 2-2 大气层各分层的特点及飞行区

层 序	平均高度	主要特点	飞行区
对流层	高度随地理纬度和季节的变化而变化： ① 低纬度地区：17～18 km ② 中纬度地区：10～12 km ③ 南北极地区：8～9 km ④ 夏季高于冬季	① 温度随高度的增加而降低，平均每升高 100 m，气温下降 0.65 ℃，这称为气温垂直递减率，也叫气温垂直梯度 ② 有强烈的垂直对流运动和不规则的乱流运动	无人机飞行区；天气现象形成区

层　序	平均高度	主要特点	飞行区
平流层	对流层顶至 50～55 km,臭氧层在 20～30 km 处	① 平流层下半部分温度随高度增加变化不大(因此也称为"同温层"),而上半部分温度随高度增加迅速增高,原因是此处含有的大量臭氧,直接吸收太阳辐射升温; ② 气流比较平稳,空气的垂直混合作用显著减弱; ③ 水汽和尘埃含量极少,晴朗无云,很少发生天气变化	利于高空飞行,平流层底部适合民航客机飞行
中间层	平流层顶至 50～85 km	臭氧含量低、温度垂直递减率大、对流运动强盛、会发生电离情况等,且上层空气稀薄	不适合飞行
热层	中间层顶至 800 km	热层中存在相当多的自由电子和离子,能使无线电波改变传播速度,发生折射、反射和散射,产生极化面的旋转并被不同程度的吸收	气象气球飞行区
散逸层	热层以上	温度可高达数千度;大气极其稀薄,其密度为海平面处的一亿分之一	卫星飞行区

三、任务总结

民用领域的无人机一般飞行速度在 100 km/h 以下,飞行高度在 3 km 以下,特殊应用场景飞行高度为 7～20 km,故民用无人机活动区域集中在大气层的对流层。但有些军用级无人机飞行区域可到达平流层甚至到达大气层与太空的临界处,如美国波音公司研制的 X - 37B 无人机(俗称空中战斗机)。

任务 2.2　无人机空气动力学基础

一、任务导入

无人机之所以能够在空中飞行,最基本的原理就是有一股力量克服了无人机的重力把它托举在空中。无人机在大气中飞行,与空气做相对运动时,产生的力主要有升力和阻力。

二、任务实施

知识点 1:与升力相关的定理/定律

1. 连续性定理

流体连续性定理的实质是质量守恒定律在空气流动过程中的应用。当流体低速、连续不断、稳定地流过一个粗细不等的管道时(见图 2-2),由于管道中任一部分的流体都不能中断或堆积起来,因此根据质量守恒定律可知:在同一时间,流进任意截面的流体质量和从另一截面流出的流体质量应该相等。

故管道截面大的地方(截面Ⅰ,截面积为 A_{I})流速慢,管道截面小的地方(截面Ⅱ,截面积为 A_{II})流速快,用公式表达为

$$A_{\mathrm{I}} v_1 = A_{\mathrm{II}} v_2 \tag{2-1}$$

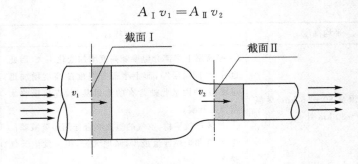

图 2-2　流体在变截面管道中的流动

2. 伯努利定律

流体流动时,流速不仅和管道截面有关,还与压力有关。例如,向两片纸间吹气,两纸片不是彼此离开,而是相互靠拢;两条船在水中并行,也会相互靠拢。

伯努利定律就是阐述流速和压力之间关系的定律,它是流体流动的另一个重要规律。空气稳定流动时,主要有动能、热能、压力能和重力势能四种能量,对于不可压缩、理想的流体来说,流动中不会产生热量,可以不考虑热能的变化;流体高度变化很小时,可认为流体的重力势能不变。这样,参与转换的能量只有动能和压力能两种。

根据能量守恒和转换定律可知,气流稳定地流过一条管道时,如果没有外来能量加入,也没有能量的损失,则动能和压力能的总和不会变化,即动能＋压力能＝常量。

伯努利方程为

$$P_0 = \frac{1}{2}\rho v^2 + P \tag{2-2}$$

式中,ρ 为流体密度;v 为流体速度;P_0 为总压(全压);$\frac{1}{2}\rho v^2$ 为动压,即流体流动时在流动方向上所产生的压强;P 为静压,即流体流动时其本身实际具有的压强。

由伯努利方程可知:同一管道的各截面上流体动压和静压之和始终保持不变,这个不变的数值,就是全压。所以静压大,则动压小;静压小,则动压大。

连续性定理和伯努利定律是空气动力学中两个最基本的规律,它们说明了管道截面积、流体速度和压力这三者之间的关系。综合这两个规律可知:流体在变截面管道中流动时,截面小的地方,流速大,压强小;截面大的地方,流速小,压强大。

伯努利定律原理

知识点 2:升力产生的原理

根据风洞试验得,无人机飞行时机翼周围空气的流线分布如图 2-3 所示。

由图 2-3 不难发现,当空气接近机翼前缘时,气流开始折转,一部分空气向上绕过机翼前缘流过机翼上表面;另一部分空气则在机翼下表面通过。这两部分空气最终在机翼后缘的后方汇合,恢复到与机翼前方未受扰动的气流相同的均匀流动状态,这说明前缘的气流与后缘之后的气流原先是一个整体。

在气流被机翼分割为上下两部分时,由于翼型上表面凸起较多而下表面凸起较少,加之机翼有一定的迎角,上表面气体路径较长,流速增大,下表面气体路径较短,流速减小。

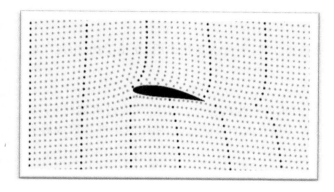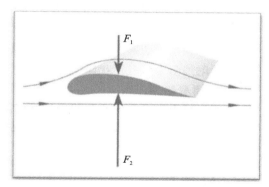

图 2-3　机翼周围空气流线分布

根据伯努利定律得,机翼上表面流速增大,压力降低;机翼下表面流速减小,压力增大。这样上下翼面之间会产生压力差,从而产生翼型表面的空气动力,将表面各处的空气动力合到一处就形成了翼型的总空气动力 R,R 的方向向上并向后倾斜。

根据总空气动力 R 的作用,可将它分解为垂直于相对气流方向和平行于相对气流方向的两个分力。垂直于相对气流方向上的分量就是机翼的升力,用 L 示,通常起支撑飞机的作用;平行于相对气流方向的力是阻力,其阻碍飞机前进,用 D 表示,如图 2-4 所示。

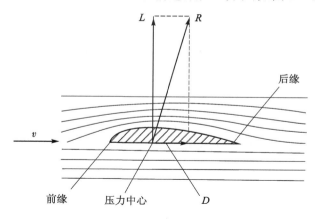

图 2-4　总空气动力 R

在飞行过程中,无人机机体所受的力是平衡的,无人机的重力与无人机的升力相平衡,无人机动力与无人机所受阻力相平衡。

知识点 3:无人机飞行的阻力

阻力是阻碍飞机前进的空气动力,方向与相对气流方向相同,与升力方向垂直。阻力主要有摩擦阻力、压差阻力、干扰阻力、诱导阻力等。

1. 摩擦阻力

摩擦阻力就是空气流过飞机表面因摩擦而形成的阻力,摩擦阻力的产生离不开空气的黏性。

2. 压差阻力

无人机在飞行时前、后会产生压强差,由压强差所产生的阻力称为压差阻力。压差阻力的大小与无人机的迎风面积、形状和在气流中的位置有关。

3. 干扰阻力

当无人机组装起来以后,空气流过无人机各部分时,气流会互相作用、互相干扰,由此引起的一种附加阻力就是干扰阻力。

4. 诱导阻力

诱导阻力是空气流过机翼后缘拖出的尾部涡流所产生的阻力。当空气流过机翼时,下表面的压力大于上表面压力,空气从下表面绕过翼尖部分向上表面流去,使得翼尖部分形成翼尖涡流。

三、任务总结

无人机与空气做相对运动时,既产生了升力也产生了阻力,也就是空气动力。空气动力的大小不仅与飞行环境中的大气因素有关,还与无人机自身结构有关,如翼型、重量等。掌握无人机的飞行原理与结构是无人机操控的基础。

任务 2.3 固定翼无人机的机体结构及飞行原理

一、任务导入

固定翼无人机目前是军用和多数民用无人机的主流飞行平台,它是由机身的固定机翼产生升力,靠动力装置产生前进的推力或拉力,在大气层内飞行的重于空气的航空器。

二、任务实施

知识点 1:固定翼无人机的机体结构

固定翼无人机的机体主要由机身、机翼、起落装置、机载设备等部分组成,如图 2-5 所示。

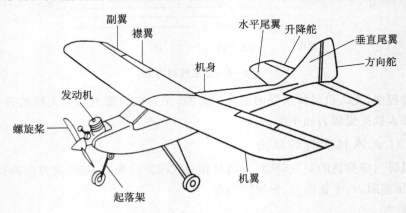

图 2-5 固定翼无人机机体结构

1. 机 身

机身将机翼、尾翼等部分有机地联系在一起,通过自身结构来承担自身重力及任务设备、燃油/电池、通信设备、起落架等部件的载荷以及飞行中的气动过载和传递力矩。

2. 机　翼

机翼是固定翼无人机产生升力以及控制姿态的主要部件,一般是左右对称的。在机翼后缘有可操纵的活动面(舵面),一般靠外侧的叫副翼,主要功能是产生机身轴向上的偏转力矩,让飞机绕机身纵轴滚转;靠内侧的是襟翼,襟翼作为无人机机翼上的一个升力辅助舵面而存在,主要通过偏转,为机翼提供持续的升力补偿。

固定翼无人机
的纵轴、横轴
和立轴

另外,大型无人机机翼还起承载的作用,内部通常安装有油箱;军用无人机机翼下面还可挂载副油箱、武器等附属设备;有些无人机的发动机和起落架也被安装在机翼下方。

机翼外形多种多样,但总的来看,主要有平直机翼(包括矩形翼、梯形翼和椭圆机翼)、后掠翼、三角翼三大类,如图 2-6 所示。

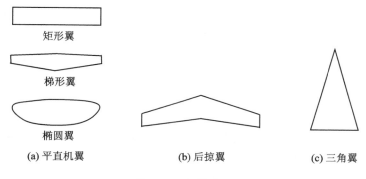

矩形翼

梯形翼

椭圆翼

(a) 平直机翼　　　　(b) 后掠翼　　　　(c) 三角翼

图 2-6　机翼外形

平直机翼适用于低速无人机,三角翼和后掠翼适用于高速无人机。大多数固定翼无人机采用平直机翼,包括矩形翼和梯形翼,其中梯形翼采用的最多,而椭圆翼虽性能优良但由于加工难度较大,很少应用。

3. 尾　翼

尾翼是用来配平、稳定和操纵固定翼无人机飞行的部件,结构如图 2-7 所示。

尾翼通常包括垂直尾翼(垂尾)和水平尾翼(平尾)两部分。垂直尾翼由固定的垂直安定面和可以活动的方向舵组成,水平尾翼由固定的水平安定面和可以活动的升降舵组成。安定面主要用来提供稳定性,而方向舵和升降舵则提供操作性。其中,方向舵的主要功能是提供飞机纵轴的转向力矩,使飞机绕纵轴左右偏转,达到转弯的目的;升

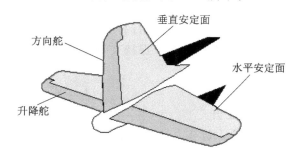

方向舵　垂直安定面　水平安定面　升降舵

图 2-7　尾翼结构组成

降舵的主要功能是提供飞机横轴的转向力矩,使飞机绕横轴上下俯仰偏转,以达到升降的目的。

固定翼无人机尾翼的种类较多,具体如图 2-8 所示。

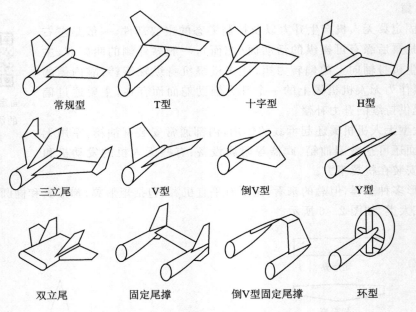

常规型	T型	十字型	H型
三立尾	V型	倒V型	Y型
双立尾	固定尾撑	倒V型固定尾撑	环型

图 2-8 固定翼无人机的尾翼

4．起落装置

起落装置是用来帮助无人机停放、滑行、起飞和着陆滑跑的部件。起落装置在飞机停放时支撑整机重量,在飞机起降滑跑时吸收接地冲击能量。但起落装置也是颇为尴尬的部件,因为在整个无人机飞行过程中,起落装置完全是一种负担。

知识点 2：固定翼无人机的受力分析

固定翼无人机在大气中飞行时,相对于空气来说机翼是静止不动的,当空气以一定速度流过机翼时产生分流。根据伯努利定律,流速快的地方压力小,流速慢的地方压力大,形成了机翼上下表面的压力差,便产生了升力。

固定翼无人机在飞行中受到的力有：重力(W)、阻力(D)、升力(L)、推力(P)。

1．平 飞

平飞是指无人机保持飞行高度和飞行速度不变的直线飞行。为了保持飞行速度不变就要保证阻力与推力平衡,为了保持飞行高度不变就要保证重力与升力平衡,受力分析如图 2-9 所示,平衡方程为

$$L=W, \qquad P=D$$

2．匀速上升

固定翼无人机在上升过程中受到重力、阻力、升力、推力的作用,受力分析如图 2-10 所示。重力不是和飞机运动方向垂直的,可分为一个垂直于运动方向的力 W_1 和一个平行于运动方向的力 W_2。平行于运动方向的力与空气阻力一起阻碍飞机前进,所以保证固定翼飞机处于上升状态,升力要等于重力的分力 W_1,拉力要等于平行于飞机运动方向的力 W_2 与空气阻力之和。平衡方程为

$$L=W_1, \qquad P=D+W_2$$

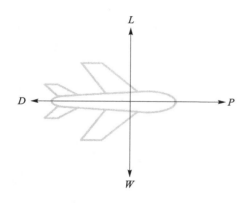

图 2 - 9　平飞时受力分析图

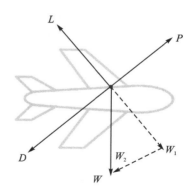

图 2 - 10　上升时受力分析

3. 匀速下滑

固定翼无人机在下滑过程中受到重力、阻力、升力、推力的作用,受力分析如图 2 - 11 所示。重力分为垂直于运动方向的力 W_1 和平行于运动方向的力 W_2。飞机下滑时,为保持飞行的下滑运动方向不变,升力应该与重力的分力 W_1 相等,阻力与重力的分力 W_2 相等。平衡方程为

$$L = W_1, \qquad D = P + W_2$$

无人机在实际下滑过程中,一般推力 P 为零,这时重力的分力 W_2 直接平衡了阻力 D。

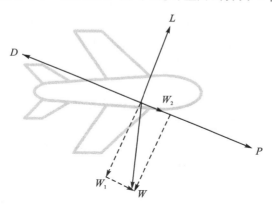

图 2 - 11　下滑时的受力分析

知识点 3：固定翼无人机的基本飞行姿态

固定翼无人机的基本飞行姿态有上升、下降、滚转、偏航四种,都是通过螺旋桨产生推力及舵面控制实现的。

1. 上 升

固定翼无人机爬升时,螺旋桨转动产生向后的推力,同时向下拉升降舵使水平尾翼的舵面向上形成固定的角度,使飞行尾部受到一个下压的力,使飞机抬头,然后结合螺旋桨推力,飞机做上升运动,如图 2 - 12 所示。

2. 下　降

　　固定翼无人机进行下降运动时,操纵人员要收油门,螺旋桨产生的推力会减小,但飞机各个舵面处于正常状态,同时为了使飞机不会过猛着陆,要提前调整升降舵以保证飞机下降速度,如图 2-13 所示。

图 2-12　上升运动

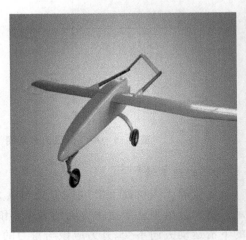

图 2-13　下降运动

3. 滚　转

　　固定翼无人机进行滚转运动时,操纵人员要控制副翼,当固定翼向左滚转时,左边副翼舵面向上形成一定角度,右边副翼舵面向下形成一定角度,此时右侧机翼升力大于左侧升力,飞机向左滚转。当固定翼向右滚转时,右边副翼舵面向上形成一定角度,左边副翼舵面向下形成一定角度,此时左侧机翼产生的升力大于右侧,飞机向右滚转,如图 2-14 所示。

4. 偏　航

　　固定翼无人机进行偏航运动时,操纵人员要操纵方向舵,当向左偏航时,垂直尾翼舵面向左偏离一定角度,当风流过舵面时会产生一个向右推动飞机尾部的力,使固定翼机头向左偏航。当向右偏航时,垂直尾翼舵面向右偏离一定角度,风流过舵面时会产生一个向左推动飞机尾部的力,使固定翼机头向右偏航,如图 2-15 所示。

图 2-14　滚转运动

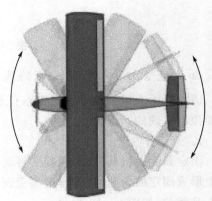

图 2-15　偏航运动

知识点 4：固定翼无人机的起降方式

固定翼无人机适合高速、高空、长航时飞行，但固定翼无人机对起飞、降落场地有一定要求。

1. 常见的固定翼无人机起飞方式

一般来讲，固定翼无人机最常见的起飞方式为滑行起飞，随着技术的发展，又衍生出了空投、轨道弹射起飞、手抛等起飞方式。

（1）滑行起飞

滑行起飞是固定翼无人机最常见的起飞方式，这种起飞方式安全性高，但机动灵活性差，适合军用无人机，如图 2-16 所示。民用领域多数并不具备足够的起飞空间，因此在一定程度上限制了固定翼无人机在民用领域的推广。

图 2-16　滑行起飞

（2）空　投

空投方式需要借助母机搭载固定翼无人机升空，到达规定高度后释放，从而完成固定翼无人机的发射工作，如图 2-17 所示。

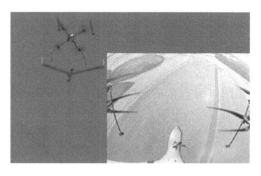

图 2-17　空　投

（3）轨道弹射起飞

轨道弹射起飞需要借助轨道仪器，靠外力（气/液压、电磁等）使滑车托举着无人机在导轨上加速，从而让无人机获得平飞速度，顺利出架，如图 2-18 所示。轨道弹射起飞机动灵活，适用于民用领域，但第一次弹射的准备和调试时间较长，且弹射设备体积较大，不方便运载。

图 2 - 18 轨道弹射起飞

（4）手 抛

手抛是最简单的起飞方式，与放飞纸飞机类似，该方式适用于质量轻、尺寸小的微型固定翼无人机，如图 2 - 19 所示。

图 2 - 19 手抛起飞

2. 常见的固定翼无人机着陆方式

（1）起落架轮滑着陆

像有人驾驶飞机一样，使用本身自带的起落架降落，如图 2 - 20 所示。

图 2 - 20 起落架轮滑着陆

（2）降落伞着陆

无人机采用降落伞悬吊回收（见图 2－21），这种方式适合小型无人机，对于大型无人机则不适合，因为伞降回收的可靠性不高，操纵困难，损失率高。

（3）空中回收

使用大飞机在空中回收无人机的方式（见图 2－22）目前只有美国在使用。采用这种回收方式时，大飞机上必须有空中回收系统。无人机除了有阻力伞和主伞外，还须有钩挂伞、吊索和可旋转的脱落机构。大飞机用挂钩挂住无人机的钩挂伞和吊索，用绞盘绞起无人机，在空中悬挂运走。这种回收方式不会损坏无人机，但每次回收都要出动大飞机，费用较高，对大飞机飞行员的驾驶技术要求也高。

图 2－21　降落伞着陆

图 2－22　空中回收

（4）拦截网回收

用拦截网系统回收无人机是目前世界上普遍采用的小型无人机回收方式之一，如图 2－23所示。

（5）气垫着陆

在无人机机腹四周装上"橡胶裙边"，其中有一个带孔的气囊，发动机把空气压入气囊，压缩空气从气囊孔喷出，在机腹下形成高压空气区——气垫（图 2－24），气垫能够支托无人机贴近地面，使其不与地面发生猛列撞击。气垫着陆的最大优点是：无人机能在不平整的地面、泥地、冰雪地或水上着陆，使用时不受地形条件限制；其次，大型、小型无人机都可以使用气垫着陆，回收率高，使用费用较低。

图 2－23　拦截网回收

图 2－24　气垫着陆

三、任务总结

本任务首先从机体外形入手介绍了固定翼无人机的结构,又分析了固定翼无人机的基本飞行姿态及受力情况。通过完成本任务,学生可以全面了解固定翼无人机的机体结构及飞行原理。

任务 2.4　无人直升机的机体结构及飞行原理

一、任务导入

除了固定翼无人机以外,还有一类无人机——旋翼无人机。旋翼无人机是相对于固定翼无人机而言的,与固定翼无人机的主要区别是用旋翼取代了固定翼机翼作为升力来源。旋翼无人机的主要特点是可以在空中悬停并能够垂直起降。

从广义角度来讲,旋翼无人机可泛称"无人直升机",泛指一切可以垂直起降的无人机,但有些特殊结构的固定翼无人机也具备这种能力。而从狭义角度来讲,旋翼无人机指仅利用旋翼提供升力的无人机,一般旋翼无人机可概括为两大类:

一是无人直升机:采用单一主旋翼或双旋翼提供升力的无人机,主要应用于军事和工业领域。

二是多旋翼无人机:采用三个及以上旋翼共同提供升力的无人机,主要应用于工业和娱乐消费领域。

本任务介绍无人直升机的机体结构及飞行原理,任务 2.5 将介绍多旋翼无人机的机体结构飞行原理。

二、任务实施

知识点 1:无人直升机的受力分析

无人直升机是以单一或双旋翼作为动力驱动部件和升力来源,能遥控飞行或自主控制飞行,且可垂直起降的重于空气的无人机。

无人直升机主要利用主螺旋桨产生向上的升力,当升力大于机身重力时,无人直升机便可垂直拉起,当升力等于重力时,无人直升机处于悬停状态。受力分析如图 2-25 所示。

需要指出的是:主旋翼旋转产生向上升力的时候,会对机身产生一个反向的作用力,即反扭矩。无人直升机因反扭矩的存在,会产生与螺旋桨旋转方向相反的自旋,这是旋翼无人机固有的问题。为解决这一问题,需要加设一个尾旋翼来抵消扭力,平衡机身。同时当无人直升机需要改变航向时,也可以通过尾部螺旋桨来调节。

图 2-25　无人直升机受力分析图

知识点 2：无人直升机的结构类型

无人直升机根据平衡反扭矩的方式不同,通常有单桨＋尾桨、双旋翼共轴式、纵列式双旋翼、横列式双旋翼、交叉式双旋翼结构类型。

1. 单桨＋尾桨无人直升机

单桨＋尾桨无人直升机靠尾翼来平衡反扭矩,其机体结构主要包括主旋翼、尾翼、机身、发动机等部件,如图 2 - 26 所示。

（1）主旋翼

主旋翼通过高速旋转将发动机的功率转换成升力,是无人直升机中最为核心的部件。主旋翼一方面为无人直升机提供了克服重力的升力;另一方面通过改变旋翼的旋转面角度,来控制无人直升机的飞行姿态。

（2）尾　翼

大多数无人直升机都是单旋翼直升机,需要配置尾翼来平衡主旋翼的反转力矩。尾翼通常包括垂尾、平尾和设置于垂尾一侧的尾旋翼（尾桨）,如图 2 - 27 所示。

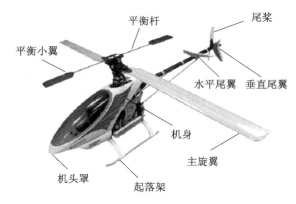

图 2 - 26　单桨＋尾桨无人直升机结构

图 2 - 27　无人直升机的尾翼

2. 双旋翼共轴直升机

双旋翼共轴直升机采用上下共轴、规格一致的两个旋翼,其旋转方向相反,可以自我平衡。共轴的双旋翼既是升力面又是纵横向和航向的操纵面,理论上可以不配置尾翼,但为了提高无人直升机的航向稳定性和方向操纵性,也会额外配置一个与固定翼无人机类似的垂尾,并且一般采用双垂尾。双旋翼共轴直升机机体结构如图 2 - 28 所示。

双旋翼共轴无人直升机与单旋翼带尾桨无人直升机相比,因两副旋翼的直径较短、机体部件紧凑地安排在直升机重心处,所以整体结构紧凑,外形尺寸小,飞行稳定性较好,操纵效率较高,但其操控机构复杂。

3. 纵列式双旋翼无人直升机

纵列式双旋翼无人直升机沿着机体纵轴,前后排列两副规格一致、旋转方向相反的主旋翼,其结构可参考图 2 - 29。

首先两副主旋翼的反作用扭矩可以互相平衡,不需要尾翼。从结构上来看,通常后旋翼稍高于前旋翼,避免互相影响。

纵列式双旋翼布局的无人直升机具有纵向稳定性好、载重效率高、机身有效容积大等特点,目前主要用于战术运输、客运、医疗急救、搜救等方面,并越来越受到各国的重视。

图 2-28　双旋翼共轴无人直升机机体结构

图 2-29　纵列式双旋翼直升机示意图

4. 横列式双旋翼无人直升机

横列式双旋翼无人直升机在机身的支架上分别安装两副规格一致、旋转方向相反的主旋翼,其结构可参考图 2-30。

横列式双旋翼无人直升机的两个旋翼左右横向排列,旋翼轴间隔较远,旋转方向相反,旋转力矩互相平衡,一般不需要尾翼提供额外的平衡力矩。但是,为了增强稳定性,在机身尾部通常会设置和固定翼飞行器一样的垂尾。

横列式双旋翼布局的无人直升机因在机身两侧增装旋翼支架,无形中增加了机身重量,加大了气动阻力,但其平衡性能好。目前,此种布局的无人直升机极其少见,仅在 20 世纪 60 年代试制了 4 架原型机,但都没有批量生产。

5. 交叉式双旋翼直升机

交叉式双旋翼直升机在机身顶部分别对称布置两副旋翼,其桨为两叶桨,且旋转方向相反,其结构可参考图 2-31。

图 2-30　横列式双旋翼直升机示意图

图 2-31　交叉式双旋翼直升机示意图

两副旋翼轴是不平行的,彼此之间有一个倾斜角,都是向外侧倾斜的,且横向轴距很小,所以两副旋翼在机体上方呈交叉状。

交叉式双旋翼无人直升机最大的优点是稳定性比较好,适宜执行起重、吊挂作业。最大的缺点是因两副旋翼横向布置,气动阻力较大,但由于两副旋翼轴间距较小,所以其气动阻力比双旋翼横列式直升机小一些。

三、任务总结

无人直升机的旋翼不仅能产生向上的力,而且由自动倾斜器操控可产生向前、向后、向左或向右的水平分力,因而无人直升机能做到垂直上升或下降、空中悬停、原地转弯、前飞、后飞和侧飞,长时间悬停、贴近地面飞行,或利用地形、地物隐蔽飞行。在野外场地垂直起飞和降落时,不需要专门的机场和跑道;若发动机发生故障在空中停止工作时,无人直升机可以利用旋翼自转下滑,安全着陆。此外,无人直升机还可低速飞行并灵活性较好,广泛用于炮兵射击训练、陆军的情报侦察、战场监视以及海军的中短程海上监视(包括监视水面和水下目标)等工作。

任务 2.5　多旋翼无人机的机体结构及飞行原理

一、任务导入

多旋翼无人机又称多轴飞行器,是一种具有三个或三个以上旋翼轴的特殊旋翼无人机。与固定翼无人机和无人直升机相比,多旋翼无人机操控简单,不需要跑道便可垂直起降,起飞后可在空中悬停。

二、任务实施

知识点 1:多旋翼无人机的机体结构

多旋翼无人机主要由机架、电机、电调和桨叶等部分组成,为了满足实际飞行需要,一般还需要配备电池、遥控器及飞行辅助控制系统,如图 2-32 所示。

GPS模块

螺旋桨

电机

起落架

云台

图 2-32　多旋翼无人机结构组成

知识点 2:多旋翼无人机的类型

多旋翼无人机按产生升力的转轴数分,有三轴、四轴、六轴、八轴等;按产生升力的旋翼个数分,有三旋翼、四旋翼、六旋翼、八旋翼等。一般情况下轴和旋翼是相同的,但有时候也是不同的,如图 2-33 所示。

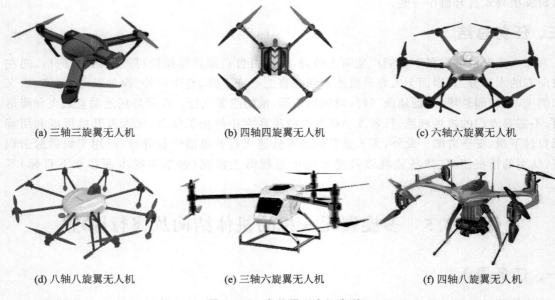

(a) 三轴三旋翼无人机　　　(b) 四轴四旋翼无人机　　　(c) 六轴六旋翼无人机

(d) 八轴八旋翼无人机　　　(e) 三轴六旋翼无人机　　　(f) 四轴八旋翼无人机

图 2-33　多旋翼无人机类型

知识点 3：多旋翼无人机的受力分析

多旋翼无人机通过每个轴上的电动机转动带动旋翼，从而产生升力。同时，多个旋翼的旋转方向不同，反转扭矩可以相互平衡。

多旋翼无人机由每个轴的电机旋转带动螺旋桨旋转产生升力，依靠多旋翼整体产生的升力来平衡自身的重力。可通过改变每个旋翼的转速来控制无人机的平稳和姿态，当升力之和等于自身重力时，无人机就处于悬停状态，如图 2-34 所示。

图 2-34　多旋翼无人机的悬停姿态

知识点 4：多旋翼无人机的布局

多旋翼无人机一般采用轴对称总体布局形式，中央位置集中布置飞控、GPS、电池、任务设备等，四周均匀布置发动机支架和螺旋桨。以四旋翼无人机为例，常见的布局有十字形、X 形等，如图 2-35 所示。

需要说明的是，多旋翼无人机为达到飞行平衡，1 号和 2 号电机逆时针旋转，3 号和 4 号电

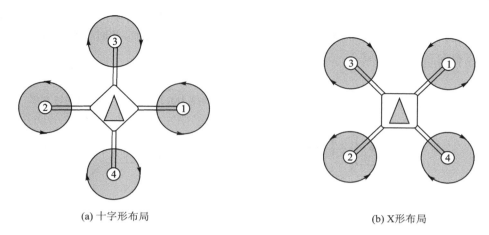

(a) 十字形布局　　　　　　　　　　　　　　　(b) X形布局

图 2 - 35　多旋翼无人机常见的布局形式

机顺时针旋转。四旋翼无人机通过调节四个电机的转速来改变旋翼的转速,实现升力的变化,从而控制无人机的姿态和位置。

知识点5：多旋翼无人机的基本飞行姿态

多旋翼无人机的基本飞行姿态有垂直运动、滚转运动、俯仰运动、偏航运动。

1. 以四旋翼 X 形多旋翼无人机为例进行分析

（1）垂直运动

垂直运动分为上升运动和下降运动,当四旋翼无人机上升时,四个电机转速增加,升力增加并大于重力,此时无人机上升。当四旋翼无人机下降时,四个电机转速减速,升力减小并小于重力,此时无人机下降。

（2）滚转运动（左右平移运动）

滚转运动分为向左滚转和向右滚转,当四旋翼无人机向左滚转时,M2 和 M3 电机转速降低,M1 和 M4 电机转速增加,此时左侧升力小于右侧升力,无人机向左运动。当四旋翼无人机向右滚转时,M1 和 M4 电机转速降低,M2 和 M3 电机转速增加,此时右侧升力小于左侧升力,无人机向右运动,如图 2 - 36 所示。

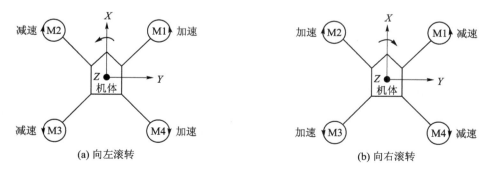

(a) 向左滚转　　　　　　　　　　　　　　　(b) 向右滚转

图 2 - 36　X 形四旋翼无人机滚转运动

（3）俯仰运动（前后运动）

俯仰运动分为向前和向后运动,当四旋翼无人机向前运动时,M1 和 M2 电机转速降低,

M3 和 M4 电机转速增加,此时飞机前侧升力小于后侧升力,无人机向前运动。当四旋翼无人机向后运动时,M3 和 M4 电机转速降低,M1 和 M2 电机转速增加,此时飞机后侧升力小于前侧升力,飞机向后运动,如图 2-37 所示。

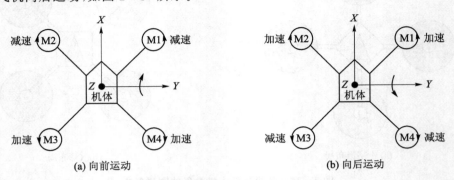

(a) 向前运动　　　　　　　(b) 向后运动

图 2-37　X 形四旋翼无人机俯仰运动

（4）偏航运动

偏航运动分为向左偏航和向右偏航运动,当四旋翼飞机向左偏航时,M2 和 M4 电机转速增加,M1 和 M3 电机转速减小,此时逆时针的反扭矩大于顺时针的反扭矩,所以四旋翼无人机向左偏航运动。当四旋翼飞机向右偏航时,M1 和 M3 电机加速,M2 和 M4 电机减速,此时顺时针的反扭矩大于逆时针的反扭矩,所以四旋翼飞机向右偏航运动,如图 2-38 所示。

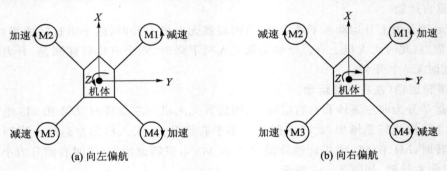

(a) 向左偏航　　　　　　　(b) 向右偏航

图 2-38　X 形四旋翼无人机偏航运动

2. 以四旋翼十字形多旋翼无人机为例进行分析

（1）垂直运动

垂直运动与四旋翼 X 形四旋翼无人机电机转速一样,这里不再赘述。

（2）滚转运动

当四旋翼无人机向左滚转时,M1 和 M3 电机转速不变,M2 电机转速降低,M4 电机转速增加;当四旋翼无人机向右滚转时,M1 和 M3 电机转速不变,M4 电机转速降低,M2 电机转速增加,如图 2-39 所示。

（3）俯仰运动（前后运动）

当四旋翼无人机向前运动时,M2 和 M4 电机转速不变,M1 电机速度降低,M3 电机速度增加;当四旋翼无人机向后运动时,M2 和 M4 电机转速不变,M3 电机速度降低,M1 电机速度增加,如图 2-40 所示。

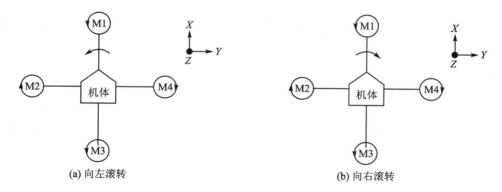

(a) 向左滚转　　　　　　　　　　(b) 向右滚转

图 2 - 39　十字形四旋翼无人机滚转运动

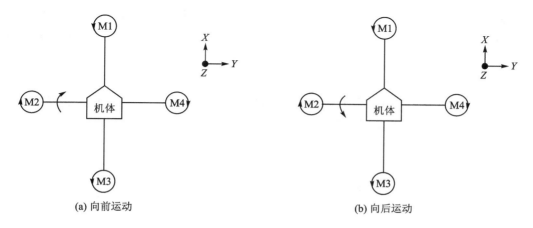

(a) 向前运动　　　　　　　　　　(b) 向后运动

图 2 - 40　十字形四旋翼无人机俯仰运动

（4）偏航运动

　　十字形四旋翼无人机偏航运动原理与 X 形四旋翼无人机类似。当四旋翼飞机向左偏航时，M1 和 M3 电机转速增加，M2 和 M4 电机转速减小，此时逆时针的反扭矩大于顺时针的反扭矩，无人机向左偏航；当四旋翼飞机向右偏航时，M2 和 M4 电机加速，M1 和 M3 电机减速，此时顺时针的反扭矩大于逆时针的反扭矩，无人机向右偏航。

三、任务总结

　　多旋翼无人机是一种新型的主流无人机，其优点较多，如体积小、重量轻、噪声小、隐蔽性好，适合多平台、多空间使用；可以垂直起降、悬停、侧飞、倒飞、飞行高度低、具有很强的机动性；结构简单、操控灵活、成本低、拆装便利、容易维护等。因此，多旋翼无人机的实际应用多种多样，但难于实现高空、高速、长时、快速地飞行；环建筑物拍摄或者飞越大面积建筑群拍摄的难度较高，也容易发生危险。

任务 2.6　垂直起降固定翼无人机的机体结构及飞行原理

一、任务导入

随着无人机应用领域的拓展,多旋翼无人机受限于航时和飞行速度,渐渐暴露出它的局限性。于是,一种既能垂直起降、精准悬停,又具有固定翼无人机的高速巡航特点的复合型无人机呼之欲出,垂直起降固定翼无人机便是其中一类。

二、任务实施

知识点 1:垂直起降固定翼无人机的定义

垂直起降固定翼无人机是一种由与直升机、多旋翼类似起降方式或直接推力等方式实现垂直起降,由固定翼飞行方式实现水平飞行,且垂直起降与水平飞行方式可在空中自由转换的无人机。

知识点 2:垂直起降固定翼无人机的机体结构及飞行原理

垂直起降固定翼无人机综合了旋翼和固定翼无人机两者的结构,主要包括旋翼系统和固定翼飞行平台两大部分,其结构如图 2-41 所示。

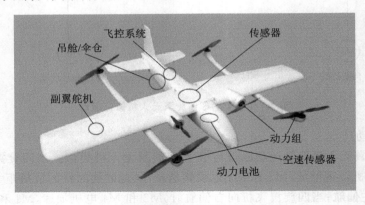

图 2-41　垂直起降固定翼无人机结构

垂直起降固定翼无人机在起降阶段利用旋翼系统实现垂直起降或悬停,飞行过程中利用固定翼飞行平台实现巡航及任务操作。所以其综合了直升机和固定翼无人机两者的优点,既可以垂直起降,同时具有固定翼无人机的速度和续航性能优势,适用于需要垂直起降的场合。

知识点 3:垂直起降固定翼无人机的优缺点

相比于多旋翼、固定翼、直升机,垂直起降固定翼无人机的优势主要是将多旋翼与单纯固定翼的优势相结合,来弥补彼此的缺陷,是一种更高效、多功能无人机。

垂直起降固定翼无人机的主要优点为:
① 具备在狭小范围内起降的能力,不需要跑道或弹射装置;
② 能长距离、长航时作业;
③ 即可悬停作业又可高航速作业,更加适应复杂的作业环境。

垂直起降固定翼无人机的缺点为：

① 升力有限，不能满负荷起飞；

② 体积较大，运输较不方便；

③ 维修、维护成本较高。

三、任务总结

垂直起降固定翼无人机在军事和民用方面都有着广阔的应用前景，具有重要的研究价值。先进气动布局设计、系统建模技术、动力技术以及先进的控制系统等方面的发展和突破，将大力推动垂直起降固定翼无人机走向实用化。

【知识点总结】

本单元知识点思维导图如图 2 - 42 所示。

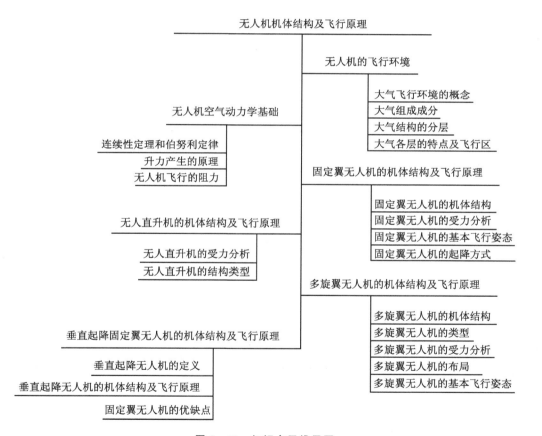

图 2 - 42　知识点思维导图

单元测试

学完本单元后,请同学们完成下表内容,并由教师给出综合评价。

班 级		姓 名		学 号		日 期	

一、相关知识

1. 不属于无人机起飞方式的是_____。

A. 弹射　　　　　　　B. 滑跑　　　　　　　C. 滑翔

2. _____航空器平台结构通常包括机翼、机身、尾翼和起落架等。

A. 单旋翼　　　　　　B. 多旋翼　　　　　　C. 固定翼

3. 为了克服"旋翼"旋转产生的反作用_____,常见的做法是加一个小型旋翼(尾桨)。

A. 力　　　　　　　　B. 扭矩　　　　　　　C. 力矩

4. 低纬度地区对流层高度一般为_____。

A. 17～18 km　　　　B. 10～12 km　　　　C. 8～9 km

5. 简述下面无人机的结构组成及各部分的作用。

6. 举例说明垂直起降固定翼无人机的典型应用。

二、评价反馈

1. 自我评价

2. 学生建议

成绩评定		教 师	

第 3 单元　无人机动力系统

【描　述】

本单元主要围绕"无人机动力系统"展开学习,无人机动力系统主要的作用是为无人机提供动力,使无人机能够进行飞行活动。无人机动力系统常见类型有以电池为能源的电动系统、以燃油为能源的油动系统和油电混合系统。

【学习目标】

➢ 掌握无人机电动系统的组成及各部分的结构、作用等。
➢ 掌握无人机中常见的油动系统及结构、特点等。
➢ 能够根据任务需求选择合适的动力系统。
➢ 能够分析总结各类动力系统的优缺点及适用场合。

任务 3.1　电动系统的基本知识

一、任务导入

一些重量轻、执行任务用时在 1 h 范围内的无人机,大部分以锂电池电动机为动力源。锂电池电动机在多旋翼无人机中最常见。

二、任务实施

知识点 1:无人机电动系统的组成

无人机电动系统主要包括电池、电调、电动机和螺旋桨四个部分。

知识点 2:电池的作用及基本参数

电池是将化学能转化成电能的装置。在整个飞行系统中,电池为整个动力系统和其他电子设备提供电能。目前在多旋翼无人机上,一般采用普通锂电池或者智能锂电池等作为动力源,如图 3-1 和图 3-2 所示。

图 3-1　普通锂电池

图 3-2　智能锂电池

锂电池的基本参数有电池容量、充电倍率、放电倍率和电池节数,如图3-3所示。

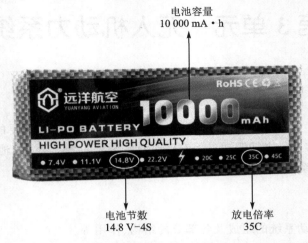

图3-3　无人机锂电池

① 电池容量:表示电池存储电量的大小,以安时(A·h)为单位(1 A·h=1 000 mA·h),图3-3所示无人机锂电池的电池容量为10 000 mA·h(10 A·h)。

② 充电倍率:表示充电电流的大小,常用C表示,即

$$充电倍率=充电电流/电池容量$$

③ 放电倍率:表示放电电流的大小,常用C表示,即

$$放电倍率=放电电流/电池容量$$

④ 电池节数:S表示一节锂电池,4S就是四节锂电池串联,如14.8-4S表示4节锂电池串联,每节锂电池标示电压为3.7 V,其总电压为14.8 V。

知识点3:有刷电机和无刷电机的结构、原理及特点

电机的作用是带动螺旋桨旋转使无人机产生升力和推力等,通过对电机转速的控制,可使无人机完成各种姿态的飞行。常见的电机有:有刷电机和无刷电机。

1. 有刷电机

有刷电机主要由定子、转子和电刷等部件组成,有刷电机转子绕线圈转动,外部嵌入永磁体,电机转动的时候通过换向器与电刷连接来切换电机的磁场,如图3-4所示。

有刷电机的优点是:直接通直流电源就可以转动,通过调节直流电源的电压来调整电动机的转速。缺点是:寿命短、噪声大,换向时容易产生火花,不适合用于对火花要求严格的场所,如化工厂、加油站等场所。

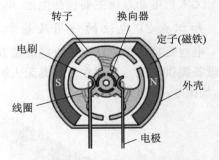

图3-4　有刷电机结构图

2. 无刷电机

无刷电机顾名思义就是没有电刷的电机。有刷电机的线圈是转的,利用电刷和换向器来实现线圈通电和不停换向,而无刷电机线圈是不转的,转动的是由磁铁部分组成的转子,所以

无须电刷。无刷电机主要由定子和转子组成,其中转子嵌有磁铁,如图 3-5 所示。

定子(线圈、铁芯)　转子(磁铁、外壳)

图 3-5　无刷电机结构图

无刷电机的优点是:寿命长、噪声低、运行时无火花,适合各种要求高的环境;但无刷电机成本高。多旋翼无人机一般使用无刷电机作为动力源。

既然无刷电机的线圈是固定的,怎样才能产生变化的磁场呢? 其实,需要三组线圈加上无刷电调,通过不断改变线圈的电流方向即可产生变化的磁场,从而驱动磁铁转子不停转动。即无刷电机需要无刷的电调才能工作,而有刷电机只需把线接到电源正负极就可以转动了。

无刷电机的
基础知识

3．电机 KV 值

电机 KV 值用来表示电机空载转速,是指电压每增加 1 V,无刷电机每分钟增加的转速,即

电机空载转速＝电机 KV 值×电池电压

例如,KV 值为 1 000 的电机在 1 V 电压下,它的转速(空载)就是 1 000 r/min,在 10 V 电压下,其转速(空载)就是 10 000 r/min。

知识点 4：电调的作用、结构及接线

1．电调的概念及作用

电调全称为电子调速器(Electronic Speed Control,ESC),是一个控制电机转速的控制装置。电调的作用是根据飞控的控制信号,将电池的直流输入转变为一定频率的交流输出,以控制无刷电机的转速。同时电调在多旋翼无人机中也充当电压变换器的角色,如将 11.1 V 的电源电压转换为 5 V 电压给飞控板、遥控接收机供电,如果没有电调,飞控板根本无法承受这么大的电流。

2．电调输入输出线

电调两端都有接线,输入线与电池相连,用来输入电流;输出线与电动机相连,用以调整电动机的转速,无刷电机的输出线有 3 根;信号线与飞控相连,接收飞控信号并给飞控供电,如图 3-6 所示。

3．电调与电机、电源和飞控的连线

电调与无刷电机、锂电池和飞控的连线如图 3-7 所示。

① 电调的输入线(最粗的红线和黑线)与电池正、负极相连接。

② 电调的输出线(有刷电机为两根、无刷电机为三根)与电机相连接。

③ 电调的信号线(最细的线)与飞控相连接。

另外,有的电调具有电源输出功能,即在信号线的正负极之间有 5 V

电机、电调和
电池的接线

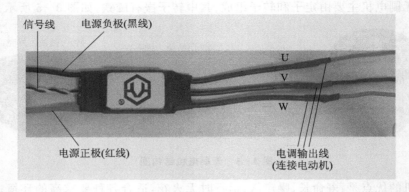

图 3 - 6 电 调

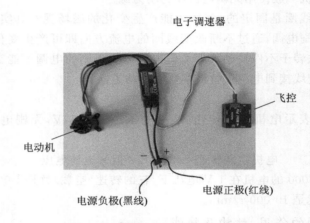

图 3 - 7 电调、电机、飞控的连接线

左右的电压输出,通过信号线为接收机供电,接收机再为舵机等控制设备供电。

知识点 5:螺旋桨

1. 螺旋桨的作用及种类

螺旋桨(简称桨叶)通过自身旋转,将电动机转动功率转化为推进力或升力。按材质分,螺旋桨有尼龙桨、碳纤维桨和木桨等,如图 3 - 8 所示。

尼龙桨　　　　　　　碳纤维桨　　　　　　木桨

图 3 - 8 多旋翼无人机螺旋桨类型

2. 螺旋桨标注参数

螺旋桨的尺寸通常用形如"××××"型数字来表示,前两位数字表示螺旋桨的直径,后两位数字表示螺旋桨的螺距,单位均为英寸(in),1 in≈2.54 cm。图 3-9 所示螺旋桨的桨叶直径为 9.4 in,桨叶螺距为 5.0 in。

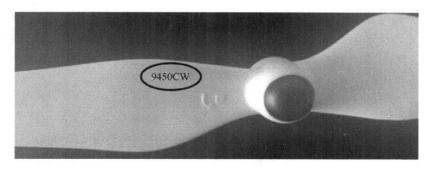

图 3-9　螺旋桨参数

螺距是指螺旋桨旋转一圈前进的距离。桨叶旋转时,桨叶上的点离轴心的距离不同,因而前进的距离也不同。越靠近轴心,桨叶的角度越大,而桨叶尖角部分的角度就比较小,桨叶靠近轴心部分的效率很低,为此大多数无人机都在桨叶头部安装机头罩,以降低飞行中的阻力。

3．螺旋桨的方向

螺旋桨有正反桨之分,逆时针方向旋转的是正桨,顺时针方向旋转的是反桨。正桨桨面上以字母"L"或者"CCW"标注;反桨桨面上以字母"R"或者"CW"标注。

4．螺旋桨数量

螺旋桨有 2 叶桨、3 叶桨、4 叶桨、5 叶桨、6 叶桨和 8 叶桨,以 2 叶桨、3 叶桨为主。桨叶数量在选择时要考虑无人机的飞行速度,一般情况下无人机飞行速度较低时,桨叶越多越好;飞行速度较高时,桨叶越少越好。3 叶桨、4 叶桨、5 叶桨、6 叶桨如图 3-10 所示。

(a) 3叶桨

(b) 4叶桨

(c) 5叶桨

(d) 6叶桨

图 3-10　不同叶数的螺旋桨

知识点 6：电动机与螺旋桨的配型原则

总体原则是在电机型号相同且同等电压的情况下高 KV 值电动机配小桨，低 KV 值电动机配大桨，原因是电动机 KV 值越小转动惯量越大，电动机 KV 值越大转动惯量越小。所以桨叶尺寸越大，无人机产生的升力就越大，即需要更大力量来驱动螺旋桨旋转，因此须采用低 KV 值电动机；反之，桨叶尺寸越小，则需要转速更快才能产生足够的升力，因此须采用高 KV 值电动机。

三、任务总结

电动系统在一些小型、微型无人机中最常用，特别是在一些旋翼无人机中。但受到电池储能技术的制约，尽管电动无人机普遍采用能量密度最高的聚合物锂电池作为能量源，但是与汽油、煤油等石化燃料相比，其能量密度还是偏低，因此，电动无人机的续航时间这个关键性指标相比于油动系统而言是非常差的。

任务 3.2 油动系统的基本知识

一、任务导入

无人机油动系统主要是以燃油类发动机作为动力源，这类发动机的工作过程就是将化学能转化为机械能的过程。常用的燃油类发动机有活塞式发动机和燃油涡轮发动机。

二、任务实施

知识点 1：活塞式发动机的结构及工作原理

1. 活塞式发动机的结构

活塞式发动机也叫往复式发动机，是一种利用气缸内燃料燃烧产生压力推动活塞运动做功的发动机。活塞式发动机主要由气缸、活塞、连杆、曲柄、气门机构、机闸等组成，如图 3-11 所示。

2. 四冲程活塞式发动机的工作原理

根据活塞式发动机工作原理分，有二冲程发动机和四冲程发动机，活塞式航空发动机大多数是四冲程发动机，即活塞在气缸内要经过 4 个冲程，依次是进气冲程、压缩冲程、做功冲程和排气冲程，其工作原理如图 3-12 所示。

（1）进气冲程

进气冲程时气缸的进气口打开，排气口关闭，发动机通过启动系统使活塞从上止点向下滑动到下止点，气缸内的容积逐渐增大，气

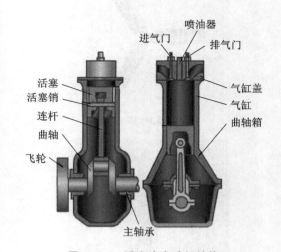

图 3-11 活塞式发动机结构

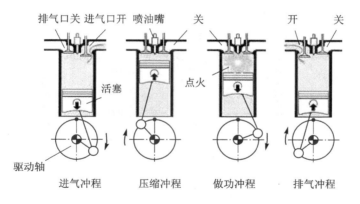

图 3-12　四冲程活塞发动机工作原理

缸内气压降低且低于外面的大气压,于是汽油和空气的混合气体将通过打开的进气门被吸入气缸内。

（2）压缩冲程

压缩冲程中曲轴由于惯性作用继续旋转,此时活塞由下止点向上推动,这时进气口和排气口严密关闭,气缸内容积逐渐减少,混合气体受到强烈压缩。当活塞运动到上止点时,气缸内混合气体体积最小,被压缩在上止点和气缸头之间的"燃烧室"内,压缩气体体积是为了更好地利用汽油燃烧时产生的热量,使限制在燃烧室这个小小空间里的混合气体压强提高,以便增加它燃烧后的做功能力。

（3）做功冲程

在压缩冲程快结束、活塞接近上止点时,气缸头上的点火装置火花塞通过高压电产生了电火花,点燃混合气体,燃烧时间很短,但是燃烧速度很快,气体剧烈膨胀,压强急剧增高,活塞在燃气的强大压力作用下,从上止点向下止点迅速运动,连杆便带动曲轴转起来。做功冲程是发动机唯一能够获得动力的冲程,其余 3 个冲程都是为这个冲程做准备的。

（4）排气冲程

在做功结束后,曲轴在惯性的作用下继续旋转,活塞由下止点向上移动,此时进气门继续关闭,而排气门打开并将燃烧后的废气排出气缸。当活塞运动到上止点时,由于活塞的推挤基本已排出气缸内的废气,此时一个循环完成。然后,打开进气口、关闭排气口又开始新的循环。

在进气、压缩、做功、排气这一完整的循环中,汽油的化学能通过燃烧转化为热能又转化为推动活塞运动的机械能,从而带动旋翼轴旋转,由于循环中还包含着热能到机械能的转化,所以也叫作"热循环"。

3. 活塞式发动机的优缺点

活塞式发动机体积小、成本较低、工作可靠,适合低空、低速小型无人机使用。但对于以螺旋桨产生动力的无人机,活塞式发动机的效率在飞行速度大于 700 km/h 时会急剧下降,其飞行速度不可能达到声速或超声速。

知识点 2：燃气涡轮发动机的种类

燃气涡轮发动机有涡喷发动机(涡轮喷气发动机)、涡扇发动机(涡轮风扇发动机)、涡轴发动机(涡轮轴发动机)和涡桨发动机(涡轮螺旋桨发动机)四种。

知识点 3：涡喷发动机的结构及工作原理

1. 涡喷发动机的结构

涡喷发动机是最基本的喷气式发动机，主要由进气口、压气机、燃烧室、涡轮、排气口等部分组成，如图 3-13 所示。空气由进气口吸入、排气口排出。

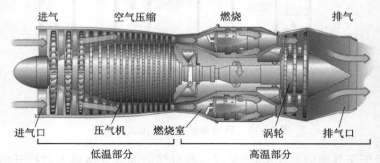

图 3-13　涡喷发动机的结构

2. 涡喷发动机的工作原理

涡喷发动机和活塞式发动机工作原理相同，都需要进行进气、加压、燃烧和排气四个阶段。不同的是，在活塞式发动机中这 4 个阶段是分时依次进行的，但在喷气发动机中则是连续进行的，气体依次流经喷气发动机的各个部分，对应着活塞式发动机的四个工作位置。

空气首先进入发动机的进气道，流经压气机时，压气机工作叶片对气流做功，使气流的压力、温度升高，变成高温高压气体；接着进入燃烧室与燃油喷嘴喷出的燃油混合后进行燃烧，变成高温高压燃气；从燃烧室流出的高温高压燃气具有很高的能量，流过同压气机安装在同一条轴上的涡轮时驱动涡轮旋转，从而带动前方的压气机工作；最后从涡轮中流出的高温高压燃气，在尾喷管中继续膨胀，以较高的速度沿发动机轴向从喷口向后排出，这一速度比气流进入发动机的速度大得多，可使发动机获得反作用的推力。

知识点 4：涡扇发动机的结构及工作原理

1. 涡扇发动机的结构

涡扇发动机是在涡喷发动机的基础上改良的，是一种高推力、低油耗的喷气式发动机。相比于涡喷发动机，涡扇发动机在前段的压气机和涡轮两处进行了原理性的改造，主要由风扇、增压级、高压压气机、燃烧室、高压涡轮、低压涡轮和尾喷管等部件组成，如图 3-14 所示。

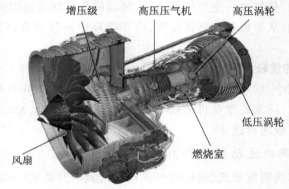

图 3-14　涡扇发动机的结构

2. 涡扇发动机的工作原理

涡扇发动机由喷管喷射出的燃气与风扇排出的空气共同产生反作用推力,高空、长航时飞行的大型无人机一般使用涡扇发动机。涡扇发动机在工作时,从前端吸入大量的空气,燃烧后高速喷出,在此过程中,发动机向气体施加力,使之向后加速,同时气体也给发动机一个反作用力,推动无人机前进。

无论是涡喷还是涡扇发动机,都是应用于常规固定翼无人机的动力系统,但是在一些低速飞行器和旋翼机中由于螺旋桨的存在,并不能直接引入喷气式发动机,因此在涡喷发动机的基础上进行了改造,发展出了涡桨发动机和涡轴发动机。

涡轮风扇发动机工作原理

知识点 5：涡桨发动机的结构及工作原理

1. 涡桨发动机的结构

涡桨发动机的结构包括进气道、压气机、燃烧室、涡轮、尾喷管、螺旋桨和减速齿轮等部件,如图 3-15 所示。

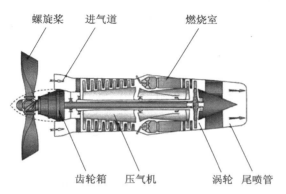

图 3-15　涡桨发动机的结构

2. 涡桨发动机的工作原理

涡桨发动机的本质还是涡喷发动机,只不过并不是以产生反作用的气流推力为主,而是同活塞发动机一样输出一个高的轴功率,在匹配的减速齿轮作用下,驱动螺旋桨旋转,从而产生推力。

涡桨发动机与活塞发动机的主要区别有:涡桨发动机驱动螺旋桨中心轴的动力是涡轮,而活塞发动机产生动力的则是活塞;涡桨发动机螺旋桨速率恒定,而活塞发动机螺旋桨的速率则会随着发动机转速变化而变化。

涡桨发动机主要应用于低速运输机以及一些大型无人机,如美国捕食者无人机就装配了涡桨发动机。

知识点 6：涡轴发动机的结构及工作原理

涡轴发动机和涡桨发动机非常类似,其本质仍然是涡喷发动机,工作时输出轴功率。只是工作时驱动螺旋桨旋转的方向和发动机安装的方向通常有近似 90° 的角度差。涡轴发动机的结构包括进气道、压气机、燃烧室、涡轮及尾喷管等部件,如图 3-16 所示。

涡轴发动机主要应用于直升机领域,如美国的 RQ-8"火力侦察兵"无人直升机使用的就

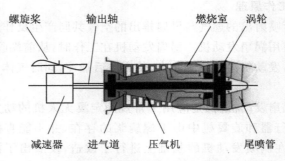

图 3-16　涡轴发动机的结构

是涡轴发动机。

三、任务总结

　　油动无人机的优点是抗风能力强、续航时间长、续航能力强,但缺点也很明显,例如,结构复杂、维护保养难度大、操作较复杂、价格高、发动机震动大,寿命短等。总之油动无人机和电动无人机是针对不同任务指向和需求设计的产品,用户应根据实际任务需求综合选择。

【知识点总结】

　　本单元知识点思维导图如图 3-17 所示。

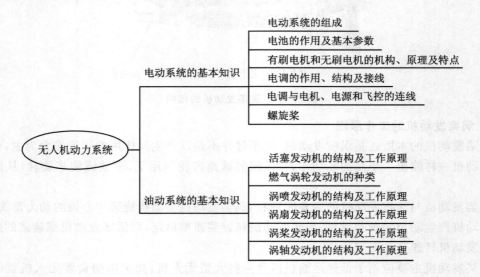

图 3-17　知识点思维导图

单元测试

学完本单元后,请同学们完成下表内容,并由教师给出综合评价。

班　级		姓　名		学　号		日　期	
一、相关知识 1. 电动动力系统主要由电动机、电池、_____等组成。 A. 调速系统　　　　　　　B. 无刷电动机　　　　　　　C. 动力电源 2. 活塞发动机在慢速状态下,工作时间过长,易带来的主要危害是_____。 A. 火花塞挂油积炭　　　　B. 润滑油消耗量过大　　　　C. 汽缸头温度过高 3. 从应用上说,涡桨发动机适用于_____。 A. 中低空、低速短距无人机 B. 高空、长航时无人机 C. 中高空长航时无人机 4. 油电混合是指_____和_____组成的动力系统。 A. 燃油发动机　　　　　　B. 重油发动机　　　　　　C. 电池 5. 阐述涡轮喷气式发动机的应用。 6. 调查并收集一款电动机和一款活塞式发动机的产品性能参数,并列表进行比较,由此解释两者之间的性能差异。 二、评价反馈 1. 自我评价 2. 学生建议 							
成绩评定			教　师				

第4单元 无人机飞控系统

【描　述】

本单元主要围绕"无人机飞控系统"展开探讨,无人机飞控系统(无人机飞行控制系统的简称)是无人机的领航员,相当于人的眼睛和大脑,主要作用是实现对无人机的实时自动控制,即实时控制无人机的飞行姿态与航向等。

【学习目标】

➢ 掌握无人机飞控系统的作用及工作流程。
➢ 掌握无人机飞控系统的组成及各部分的作用。
➢ 了解目前常用的民用无人机飞控系统。
➢ 理解舵机的工作原理及过程。

任务4.1　无人机飞控系统的作用及工作原理

一、任务导入

无人机飞控系统是无人机飞行平台重要的机载设备,是能够稳定无人机飞行姿态、控制无人机自主或半自主飞行的控制系统,是无人机的大脑,也是区别于航模的最主要的标志,简称飞控。

二、任务实施

知识点1:无人机飞控系统的概念

无人机飞控系统也称为自动飞行控制器(Automatic Flight Control)、自动驾驶仪,是指通过飞行自动控制系统自主调节飞行姿态,自动控制飞行器的整个飞行过程,并且可执行自主作业任务的机载设备,如图4-1所示。

知识点2:无人机飞控系统的作用

无人机飞控系统,主要负责整架无人机在执行任务时的飞行控制,包括执行任务过程中的自主起降、执行航线、自主作业以及飞行过程中环境干扰的自主修正等控制。判断一架飞行器能否称得上是无人机,一个最主要的标准就是飞行器是否具有自主驾驶的功能。

知识点3:无人机飞控系统的工作原理

飞控系统要实现对无人机飞行的实时自动控制,首先需要采集无人机飞行的实时数据,如速度、加速度、航向、高度等,为此,飞控系统要配有诸如陀螺仪、加速度计、气压传感器等检测设备;然后飞控系统将采集的实时数据提供给飞控计算机,由飞控计算机按照预先设计的控制

(a) APM飞控　　　　　　　　　　　　　　(b) Pixhawk飞控

图 4 - 1　无人机飞控

算法进行高速运算,得出控制结果数据指令;最后这些数据指令通过机体内部数据总线下达给执行机构,如发动机、各舵面舵机、任务设备等,最终实现自动控制。

　　另外,飞控计算机也会通过数据链将飞行参数分发给地面控制站,供地面操作人员分析使用;同时,飞控计算机也能通过数据链接收地面操作人员发出的操作指令,并将这些指令分解计算成具体控制数据指令下达给相关设备,飞控系统工作原理如图 4 - 2 所示。

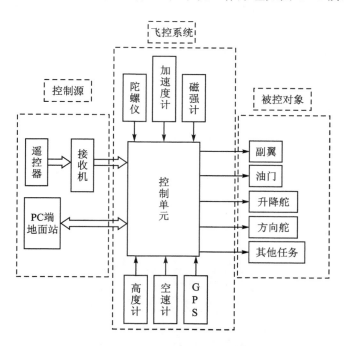

图 4 - 2　无人机飞控系统工作原理图

三、任务总结

　　飞控系统是无人机完成起飞、空中飞行、执行任务和返场回收等整个飞行过程的核心系统,飞控系统对于无人机相当于驾驶员对于有人机的作用,是无人机最核心的部分之一。目前,无人机领域已经形成了较为完善的飞控产品,常见民用无人机飞控如表 4 - 1 所列。

表 4-1　常见民用无人机飞控

民用无人机飞控		
飞控类型　　机型	商业级飞控（性能稳定、使用简单、不可编程）	开源飞控（功能强大、价格便宜、可编程）
多旋翼无人机	大疆、零度、极飞、拓攻、致导、E-fly	APM、PIX、KK、CC3D、F3、MWC
固定翼无人机	零度、I-fly、Pander、普洛特、飞宇、致导	APM、PIX、KK、PPZ

任务 4.2　无人机飞控系统的组成

一、任务导入

　　根据飞控系统的工作原理，飞控系统主要包括数据采集、数据处理、执行机构三部分。数据采集部分主要由陀螺仪、加速度计、气压传感器、声波传感器等组成；数据处理部分主要指飞控计算机，以及飞控计算机预先拷入的该型号无人机飞控控制算法软件；执行机构主要指遍布无人机各个活动部件的舵机（电子式为主），安装时遍布无人机机体各处，通过数据总线与飞控计算机连接，形成一个闭合的完整控制回路。

二、任务实施

　　知识点 1：无人机飞控系统的组成

　　无人机飞控系统是控制无人机飞行姿态和运动的设备，由传感器、飞控计算机和执行机构三大部分组成。

　　飞控种类颇多，但工作原理相通，设备接口大同小异，图 4-3 为 Mini Pix 飞控端子说明。

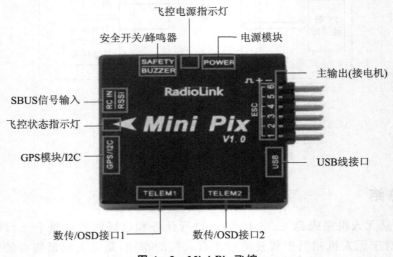

图 4-3　Mini Pix 飞控

知识点 2：飞控系统主要机载传感器及功能

飞控系统中数据采集部分主要的传感器有陀螺仪、加速度计、高度传感器等。

1. 陀螺仪

（1）陀螺仪的结构

陀螺仪的基本结构包括转子、内环、外环和支架等部件，如图 4-4 所示。

（2）陀螺仪的工作原理

当转子在外力作用下进行高速旋转时，转子具有保持其旋转轴在其惯性空间指向方向稳定不变的特性，陀螺仪就是用高速回转体的动量矩敏感壳体相对惯性空间绕正交于自转轴的一个或两个轴的角运动检测装置。或者理解为：把一个高速旋转的陀螺放到万向坐标系里，陀螺怎么转都不会倒，这样陀螺在高速旋转时就能够保持稳定。

利用陀螺的惯性，陀螺仪可提供无人机在三轴上的姿态信息，如偏航、俯仰、滚转等级信息。同时还可以提供三轴的加速度，通过对加速度积分可以得到在三个方向的位移数据，从而得到无人机的位置。

（3）机械式陀螺仪

早期无人机领域，特别是军用无人机，使用的陀螺仪主要是机械式的。机械式陀螺仪是由一个转速较高的转子和安装转子的支架构成一个单轴陀螺仪，在通过转子中心轴上加一个内环架，构成两轴陀螺仪，在内环架外再加上外环架，构成的环绕平面三轴做自由运动的三轴陀螺仪，如图 4-5 所示。

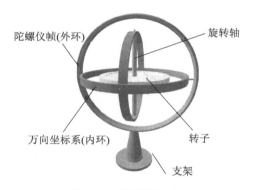

图 4-4　陀螺仪结构

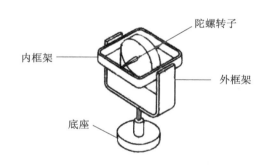

图 4-5　机械式陀螺仪

机械式陀螺仪有方向陀螺仪、垂直陀螺仪、速率陀螺仪和陀螺罗盘等。

① 方向陀螺仪：可以同时测得无人机的纵向、横向、侧向角度的变化值。

② 垂直陀螺仪：对方向陀螺仪进行了改进，装置于无人机机体内部，用于时刻指示水平参考平面和垂直参考平面的陀螺仪。

③ 速率陀螺仪：主要用来测量载体的角速度和角加速度。

④ 陀螺罗盘：依靠陀螺指向效应时刻寻找正北方向的设备，其本质仍是一台三自由度陀螺仪。

当方向陀螺仪、垂直陀螺仪、速率陀螺仪、陀螺罗盘共同作用时，就可以实时测量飞行器在空中的姿态、速率变化等。但机械式陀螺仪依赖于高速旋转的转子来确定方向，而快速启动对机械结构而言是异常苛刻的，所以机械式陀螺仪的快速启动能力和可靠性、精度方面都存在一定的问题,而且机械式陀螺仪重量也比较重,体积也比较大。这种机械陀螺仪基本都是早期应用在一些固定翼无人机上的。

(4)激光陀螺仪

激光陀螺仪与机械式陀螺仪相比,取消了活动部件,力学结构大大简化,具有精度高、启动速度快、抗冲击效果好、重量轻、寿命长等优点,但生产加工工艺要求严格,成本较高。激光陀螺仪主要应用于中、大型高端军用无人机,民用无人机领域很少应用。

(5)光纤陀螺仪

光纤陀螺仪构造与激光陀螺仪构造类似,但是不再使用激光作为光束源,而是改用普通的可见光。相比于激光陀螺仪,光纤陀螺仪成本低,应用范围广,主要集中在中小型军用级无人机,少量工业级无人机也会应用。

(6)微电子机械陀螺仪

在民用无人机领域,特别是小型、微型无人机领域大面积应用的陀螺仪是微电子机械陀螺仪(Micro Electro Mechanical Systems,MEMS),如图4-6所示。

图4-6 微电子机械陀螺仪

微电子机械陀螺仪与前面几种陀螺仪相比,其测量精度最低,但是工艺简单、便于大规模生产、成本较低。在无人机领域,一般都是经过简单封装之后,作为 MEMS 模块芯片集成到飞控机主电路板上,出厂前一般已经完成了安装、调试的工作。

微电子机械陀螺仪主要应用于消费级无人机和部分工业级无人机,特别是多旋翼无人机普遍使用这种陀螺仪。

2.加速度计

加速度计用来测量飞行器任意时刻的加速度,更准确地说,测量的是飞行器某一个方向上的线加速度。通常情况下,飞行器三个自由度方向都需要设置加速度计,以便于同时采集三个方向的加速度,而现在一般采用集成的三轴加速度计,即可以同时测量三个方向的加速度值,使用非常便利。

随着微电子技术的发展,加速度计也出现了类似 MEMS 陀螺仪的微型加速度计,这种芯片式的电子加速度计重量轻、尺寸小,直接嵌入到飞控机主板上即可,如图4-7所示。消费级无人机和部分工业级无人机使用此类加速度计较多。

3.高度传感器

陀螺仪和加速度计能够测量无人机的空中姿态和速度状态,但是对于飞控算法而言,还需要知道无人机此时的飞行高度,因此高度是一个必不可少的关键数据。无人机领域比较常用

图 4-7　微型加速度计传感器

的高度传感器有:气压高度表和测距传感器。

（1）气压高度表

气压高度表是一种利用外界大气压强来测量无人机飞行高度的传感器,在民用领域,一般采用微型气压传感器,如图 4-8 所示。

图 4-8　微型气压传感器

需要注意的是,气压高度表所测量出的飞行高度是气压高度,也就是相对于标准海平面的高度值,而并不一定就是无人机此时距离地面的高度。

（2）测距传感器

在无人机领域,测距传感器以无线电高度表使用较多,其通过实时测量无人机与地面之间的距离,来得到高度信息。

无线电高度表是一种以地面（或海面）作为反射面的测高雷达,工作时,由无线电发射器向地面发射无线电波,当此无线电波接触到地面（或海面）并反射回接收器时,记录这一过程耗时时间,由此计算出飞行器的高度。

根据无线电测高原理,通常无线电表需要一个无线电发射器和一个配套的无线电接收器,以及进行信号处理的单片机。发射器和接收器需要安装在无人机机体的不同位置,通常安装在固定翼机翼两侧,以便于信号采集。

无线电高度表测量的高度指的是飞行器距离地面的相对高度,这一点和气压高度表有着本质的区别。总体来说,无线电高度表测量精度比较高,不受天气、地形、地面建筑物等的干扰,可靠性较高。因此在无人机领域,军用无人机普遍采用无线电高度表,而工业级无人机目前采用的比较少,大多数工业级无人机和消费级无人机以气压高度表为主。

4. 避障系统

无人机通过安装视觉、红外线、激光、雷达等避障模块,或通过预设程序做悬停、自动绕行等动作,使其在自动飞行中有效地躲避各种来自地面及周围物体的障碍,以获取更安全的飞行路线。

声波传感器是利用超声波进行测距的一种小型传感器，如图4-9所示，常应用在避障系统中。其探测精度可以达到厘米级别，但是距离范围有限，通常在十几米距离之内使用，而且距离越远探测精度越低。

声波传感器主要依靠发射超声波探测前方物体，遇到障碍后反射回来，从而使无人机具备自动避障的功能，提高飞行的安全性。声波传感器普遍应用到各种规格的多旋翼无人机上，而在固定翼无人机领域应用的比较少。在多旋翼无人机中，声波传感器通常设置在机体中心下方的位置。

图4-9　声波传感器

知识点3：机载计算机的功能及特点

机载计算机是飞行控制系统的核心部件，是无人机的大脑，它通过运算控制代码和读取传感器的数据来实现无人机姿态稳定与控制、导航与制导控制、自主飞行控制、自动起飞及着陆控制等功能。

目前，大多数无人机采用独立的，高性能、低成本、低功耗的微控制器作为机载计算机。同其他领域的计算机相比，机载计算机运行内存小，其内存还没有智能手机的内存大；稳定性、实时性要求高；对操作系统要求非常高；对中央处理器的稳定性要求非常苛刻，任何一点小故障都可能会使无人机坠机。

随着各种飞行器智能化程度的不断提高，机载计算机对航空器总体性能的影响越来越大，其数据处理速度、网络传输速度及其他物理特性等性能指标往往决定着机载设备乃至整个航空器的总体性能。

知识点4：执行机构的结构及作用

传感器将采集的飞行参数输入到飞控计算机中，经过飞控代码的运行解算后，机载计算机就会向舵面、动力系统、任务设备等部件下达动作指令，进行一系列的操控动作，如，对无人机各控制舵面和发动机节风门等的控制，而执行这些操作的关键部件就是舵机。

舵机是指在飞控系统中操纵飞机舵面（操纵面）转动的一种执行部件，通常分为电动舵机和液压舵机。在无人机领域，体积小巧、重量轻的电动舵机成了无人机飞控执行机构的首选。电动舵机结构比较简单，由外壳、控制电路板、电动机、齿轮组等部件组成，如图4-10所示。

对于民用固定翼无人机来说，控制系统通常包括方向、副翼、升降、油门、襟翼等控制舵面，通过舵机改变飞机的翼面，产生相应的扭矩，控制飞机转弯、爬升、俯冲、横滚等动作，所以，一般需要最低配置4~5个舵机。如果采用油动活塞发动机，则还需要额外配置风门控制舵机，如果还有其他特殊部件（如舱门等），则需要额外布置舵机，具体数量由需求来定。

大多数多旋翼无人机，由于飞行原理和固定翼不一样，没有舵面设置，因此，多旋翼无人机很少使用舵机。多旋翼无人机一般通过控制各轴桨叶的转速来控制无人机的姿态，以实现转弯、爬升、俯冲、横滚等动作。有些六轴、八轴的多旋翼无人机采用了起飞后可折叠的起落支架，因此，往往需要配置一部舵机进行驱动。

三、任务总结

无人机飞控系统实时采集各传感器测量的飞行状态数据、接收无线电测控终端传输的由

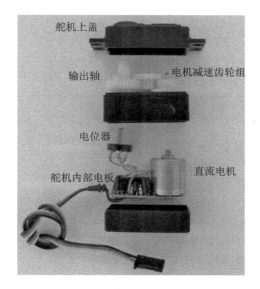

图 4 - 10　电动舵机组成部件

地面站上行通信信道送来的控制命令及数据,经计算处理后输出控制指令给执行机构,实现对无人机各种飞行姿态的控制和对任务设备的管理与控制;同时将无人机的状态数据及发动机、机载电源系统、任务设备的工作状态参数实时传送给机载无线电数据终端,经无线电下行通信信道发送回地面站。

飞控系统主要完成以下功能:

① 完成多路模拟信号的高精度采集,包括陀螺信号、航向信号、舵偏角信号、发动机转速、传感器信号和电源电压信号等。

② 输出各类能适应不同执行机构控制要求的信号。

③ 利用多个通信信道分别实现与机载数据终端、GPS 信号、数字量传感器以及相关任务设备的通信。

【知识点总结】

本单元知识点思维导图如图 4 - 11 所示。

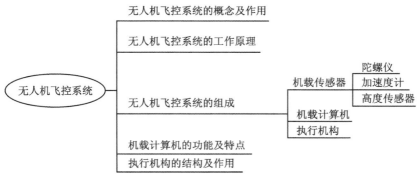

图 4 - 11　知识点思维导图

单元测试

学完本单元后,请同学们完成下表内容,并由教师给出综合评价。

班　级		姓　名		学　号		日　期	
一、相关知识 1. 飞控系统控制着无人机的飞行_____与_____。 A. 航线　　　　　　　　B. 姿态　　　　　　　　C. 航向 2. 姿态传感器由_____、_____、_____组成。 A. 陀螺仪　　　　　B. 加速度计　　　　　C. 高度计　　　　D. 磁力计 3. 无人机的飞行_____强大的 CPU 支持。 A. 需要　　　　　　　　B. 不需要 4. 对比阐述气压高度表和无线电高度表的使用特点。 5. 调查并比较三款不同型号舵机的性能,并阐述各自的特点。 6. 总结无人机飞控系统的作用。 二、评价反馈 1. 自我评价 2. 学生建议							
成绩评定			教　师				

第 5 单元　无人机导航系统

【描　述】

本单元主要围绕"无人机导航系统"展开探讨,介绍了无人机导航系统的作用、惯性导航和卫星定位导航的原理及优缺点,并总结了目前民用无人机常用的导航系统。

【学习目标】

➤ 掌握无人机导航系统的作用。
➤ 掌握惯性导航和卫星定位导航的原理及优缺点。
➤ 了解目前民用无人机常用的导航系统。
➤ 能够根据无人机的实际应用场景配备合适的导航系统。

任务 5.1　无人机导航系统的作用

一、任务导入

无人机导航系统是无人机完成给定任务的关键要素之一,是解决无人机"在哪里""飞去哪里""怎么飞"等问题的关键,因此,无论无人机是静止还是运动,必须首先确定它所在的位置,只有掌握了精确位置后才能进行下一步具体操作。也就是说,无人机的定位是导航的基础,只有准确的定位,才有科学的导航。

二、任务实施

知识点 1:无人机导航系统的作用

无人机在飞行过程中,对于操控员来说,需要实时掌握无人机的位置;对于无人机来说,当自主飞行时,需要在任意时刻知道自己的位置,这就是无人机导航系统的任务。

无人机导航系统的主要作用是精准获取无人机的位置、方向、速度、高度、航迹等信息,从而把无人机从出发地引导到目的地。精确的导航信息是无人机完成飞行任务的必要条件。

知识点 2:无人机导航的主要发展阶段

① 无人机发展的早期阶段(1960 年之前),由于受到当时电子信息工业的制约,主要依赖地面雷达的无线电导航。当无人机在大气层中飞行时,地面雷达不断照射该无人机,以获得无人机相对于雷达参考点的俯仰角度、距离、速度等信息,然后再通过换算得到无人机此时的空中坐标,从而引导无人机飞向目标位置。但是这种方式过于依赖地面雷达,而地面雷达受地球曲面的影响,通信距离有限,无人机飞行半径必须在有效通信距离之内,因而非常影响无人机性能的发挥。

② 1960 年以后,随着陀螺仪、高度计、气压计等设备的进步,无人机开始使用惯性导航系统,从而具有了能够独立工作、远程飞行的导航能力。但是,惯性导航测量系统的误差会不断积累放大,对于长航时远程无人机而言,在配置惯性导航系统的同时还需要配置额外的定位系统,以便及时对惯性系统误差进行修正。在没有出现卫星定位系统之前,通常需要采用雷达照射方式对惯性系统进行修正。

③ 2000 年以后,全球卫星定位系统构建的完成使无人机具有了更加自由的飞行能力,惯性导航系统由主要导航系统变成只提供飞行姿态的传感器系统,导航定位功能完全由卫星定位系统替代。不过,在卫星定位系统出现故障或者通信信号不佳的情况下,惯性导航系统仍然能够担负起导航的责任。

三、任务总结

本任务介绍了无人机导航系统的作用、主要发展阶段及无人机的组合导航方式。所谓组合导航是指把两种或两种以上的导航系统以适当的方式组合在一起,利用其性能上的互补特性,获得比单独使用任一导航系统时更高的导航性能。

任务 5.2 惯性导航和卫星导航的原理及优缺点

一、任务导入

目前,无人机主要的导航方式为惯性导航和卫星导航,本任务重点介绍这两种导航系统的原理及优缺点,同时介绍民用无人机领域的导航组合方式。

二、任务实施

知识点 1：惯性导航的原理及优缺点

惯性导航系统(Inertial Navigation System,INS)是一种利用安装在运载体(无人机)上的陀螺仪和加速度计来测定运载体位置的系统,即通过陀螺仪和加速度计的测量数据,让飞控计算机依据起点的初始化数据,实时累计计算,从而得到运载体在惯性参考坐标系中的位置。

一套完整的惯性导航系统一般包括陀螺仪、气压计、加速度计、无线电高度表、空速管等设备。陀螺仪负责提供无人机的姿态角和航向,加速度计提供三个坐标的加速度分量,气压高度表提供气压高度,无线电高度表提供相对高度,空速管提供空速。这样一来,无人机的位置就被测量出来了。这些数据被采集之后立即通过数据总线送往机载计算机,通过飞控代码的计算就可以得到无人机实时的飞行状态参数,从而可对无人机进行精准的飞行轨迹控制。

惯性导航系统不依赖外界信息,也不向外界辐射能量,不易受到干扰,是一种自主式导航系统。惯性导航系统的优点是：可以全天候、全时间工作于空中、地球表面、水下,自主导航,屏蔽性好,不受外界电磁干扰;数据更新快,短期精度高,稳定性好。但因惯性导航的定位精度非常依赖于每一个环节的数据精度,而每个环节都是存在误差的,因此随着时间的延长,这些误差会不断积累,最后导致结果的误差是个放大的量。所以,凡是采用惯性导航的无人机都需要增加一个额外的方法来定期地给予惯性导航一个修正值。在无人机实际应用中,惯性导航系统会和其他定位/导航方式以一种复合导航模式存在,如主动/被动式雷达＋惯性导航的方式,而大多数普通的无人机,特别是民用无人机,通常采用惯性导航＋卫星定位导航系统二合一的复合模式。

知识点 2：卫星定位导航的原理及优缺点

卫星定位导航的原理：无人机向太空中的定位卫星发射定位无线电请求信号,该无人机附近上空的若干颗卫星接收到这个无线电定位请求信号后,会进行定位计算,确定无人机在地球上的位置,定位结果通过无线电发回地面接收器,这样无人机就可以实时获得自身的位置信息和时间值。通过简单计算,还可以得到物体实时的运动速度和轨迹。

相比于惯性导航系统,卫星定位导航不需要进行修正,其具备更高的定位精度和可靠性,且不受地面环境影响,可做到全天候不间断的工作。

但是卫星定位导航系统的组件、运营成本、技术门槛等极高,截至目前,世界上卫星导航系统只有美国的全球卫星定位系统(GPS)、俄罗斯的全球卫星导航系统(GLONASS)、欧洲的"伽利略"卫星导航系统和中国的"北斗"卫星导航系统(BDS)。

1. 美国的全球卫星定位系统(GPS)

GPS 是世界上第一种卫星定位系统,无人机上配有机载全球定位接收模块,主要作用是接收 GPS 卫星导航发出的位置和时间等信息,通过解算这些信息,使飞控系统感知并计算出无人机当前所在的空间位置。GPS 定位系统如图 5－1 所示。

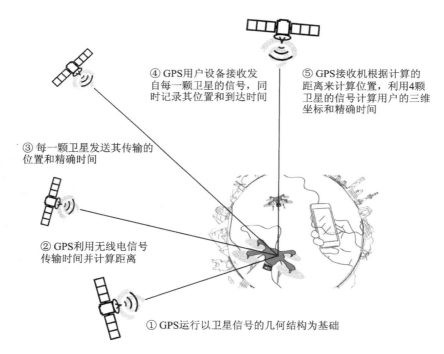

④GPS用户设备接收发自每一颗卫星的信号,同时记录其位置和到达时间

⑤GPS接收机根据计算的距离来计算位置,利用4颗卫星的信号计算用户的三维坐标和精确时间

③每一颗卫星发送其传输的位置和精确时间

②GPS利用无线电信号传输时间并计算距离

①GPS运行以卫星信号的几何结构为基础

图 5－1　GPS 定位系统

GPS 是一个中距离、圆形轨道卫星导航系统,结合卫星及通信发展技术,利用导航卫星进行测时和测距。经过近十年的验证,GPS 具有全天候、高精度、自动化、高效率等特点,在工程测量、航空摄影、资源勘察等多种学科上得到了广泛的应用。

全球卫星定位系统由卫星端、地面控制端和用户接收端三部分组成。卫星端由 24 颗卫星组成,地面控制端由 5 个全球检测站和 3 个地面检测站组成,用户端为 GPS 信号接收机,在无人机上 GPS 接收机与飞控相连接,如图 5 - 2 所示。

GPS信号接收器

(a) 多旋翼无人机上的GPS   (b) GPS与飞控相连接

图 5 - 2 无人机上的 GPS 定位系统

2. 俄罗斯的全球卫星导航系统(GLONASS)

苏联是最早挑战 GPS 技术的国家,1976 年,苏联正式启动称为"格洛纳斯"的全球卫星定位系统。1991 年苏联解体后,由俄罗斯继续研发。该系统于 2007 年开始运营,当时只开放俄罗斯境内卫星定位及导航服务,到 2009 年,其服务范围拓展至全球。俄罗斯"格洛纳斯"导航系统标识如图 5 - 3 所示。

3. 欧洲的"伽利略"卫星导航系统

欧洲的"伽利略"卫星导航系统是由欧盟研制和建立的全球卫星导航定位系统,由欧洲委员会和欧洲航天局共同负责。该系统由 30 颗卫星组成,位于 3 个倾角为 56°的轨道平面内,其轨道高度为 2.4 万千米。欧洲"伽利略"卫星导航系统标识如图 5 - 4 所示。

图 5 - 3 俄罗斯 GLONASS 标识   **图 5 - 4 欧盟 GALILEO 标识**

"伽利略"卫星导航系统是欧洲自主、独立研发的全球多模式卫星定位导航系统,可提供高精度、高可靠性的定位服务,实现了完全非军方控制、管理,可以进行全覆盖的导航和定位,并且可以与其他系统相互配合使用,如果定位失败可以在很短的时间里通知客户,较 GPS 系统更为可靠、精度更高。

4. 中国"北斗"卫星导航系统

放眼全球,真正与 GPS 抗衡的是中国的"北斗"卫星导航系统,其标识如图 5 - 5 所示。

中国"北斗"卫星导航系统是中国自主研发的全球卫星导航系统。"北斗"卫星导航系统由空间端、地面端和用户端三部分组成,可在全球范围内全天候、全天时为各类用户提供高精度、高可靠性的定位、导航、授时服务,定位精度可达 10 m,测速精度达 0.2 m/s,授时精度为 10 ns。

"北斗"卫星导航系统空间端计划由 35 颗卫星组成,包括 5 颗静止轨道卫星、27 颗中轨道地球卫星及 3 颗倾斜同步轨道卫星。2012 年底北斗亚太区域导航正式开通时,此时已在西昌卫星发射中心发射了 16 颗卫星,其中 14 颗已经组网并开始提供服务,这 14 颗组网卫星包括 5 颗静止轨道卫星、5 颗倾斜地球同步轨道卫星和 4 颗中轨道地球卫星。中国北斗卫星导航系统如图 5-6 所示。

图 5-5　中国北斗卫星导航系统标识　　　　**图 5-6　中国北斗卫星导航系统**

知识点 3：国内无人机采用的导航系统

下面以时间为主线,介绍国内无人机采用的导航系统,如图 5-7 所示。

国内无人机导航系统

早期,没有卫星导航系统时
- 采用"惯性导航+地面无线电雷达修正"复合方式进行导航

2000 年前后,随着 GPS 的普及
- 开始使用"惯性导航+GPS 接收器"复合导航系统,定位精度有了很大提高

2003 年以后,为了有效防止 GPS 信号突然被屏蔽
- 采用"惯性导航+GPS+GLONASS"复合导航系统,具备极高的系统冗余度

2012 年以后,随着北斗导航系统正式服务
- 短暂采用"惯性导航+GPS+GLONASS+北斗"四种复合导航系统,堪称全球冗余度最高的导航系统

随着 GLONASS 系统发展停滞不前和北斗导航系统精度的提高
- 采用"惯性导航+GPS+北斗"三种复合导航系统

不远的将来
- 采用"惯性导航+北斗"纯中国式的导航系统

图 5-7　国内无人机采用的导航系统

知识点 4：民用无人机采用的导航系统

在民用无人机领域，工业级和消费级无人机产品基本上采用"MEMS 惯性导航元器件＋GPS"复合导航系统。截至目前，少量工业级无人机会使用"GPS＋北斗"复合导航系统，这样确保一定的冗余度。

在消费级无人机领域，特别是多旋翼无人机，陆续开始使用"GPS＋MEMS 惯性导航元器件＋光流传感器"这样的复合导航系统，在视距范围内飞行具备较高的定位精度和安全冗余度，即使意外出现，GPS 信号中断或者收到外界干扰，也能保持一小段距离内的安全飞行或者返回降落。

随着国内北斗卫星导航系统的全球组网逐步完成和定位精度的提高，在未来数年之内，北斗导航系统将会陆续替代 GPS，成为民用无人机的标准导航系统。

三、任务总结

多技术结合是未来导航系统发展的方向，导航系统负责向无人机提供参考坐标系的位置、速度、飞行姿态等矢量信息，引导无人机按照指定航向飞行，相当于有人机中的领航员。

【知识点总结】

本单元知识点思维导图如图 5－8 所示。

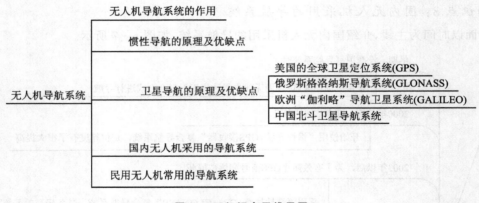

图 5－8　知识点思维导图

单元测试

学完本单元后,请同学们完成下表内容,并由教师给出综合评价。

班　级		姓　名		学　号		日　期	
一、相关知识 　1. 阐述卫星导航系统的定位原理。 　2. 什么是 GPS/惯性导航组合导航系统?这种组合的特点是什么? 　3. 查阅资料,了解北斗卫星有哪些主要应用。 　4. 阐述导航系统对你生活的影响,并举一具体实例说明。 　5. 无人机导航定位技术涉及哪些方面,发展趋势如何? 二、评价反馈 1. 自我评价 2. 学生建议 							
成绩评定				教　师			

第 6 单元　无人机通信链路系统

【描　述】

本单元主要围绕"无人机通信链路系统"展开探讨,介绍无人机通信链路的结构、原理、主要设备及无人机数据链的特征等。无人机通信链路是无人机系统的重要组成部分,是飞行器与地面系统联系的纽带。

【学习目标】

➢ 掌握无人机通信链路的任务。
➢ 掌握通信链路的结构及原理。
➢ 了解目前民用无人机通信链路中所用的设备。
➢ 能够根据无人机的实际需求选择合适的天线、数传模块等。

任务 6.1　无人机通信链路的任务

一、任务导入

无人机作为空中机器人的一种,在军事上可用于侦查、监视等,在民用上可用于测量、遥感等。在这些任务执行过程中,人们总希望能够获得高分辨率、能描述物体几何形态的二维或三维图像,但高分辨率图像数据量相当大,而且随着地面分辨率的提高,需要传输的图像数据量呈几何级数增长,数据传输速率要求也迅速提高,因此,图像的高速传输成为制约无人机应用的重要问题,这也就是无人机通信链路要解决的问题。

二、任务实施

知识点 1:无人机通信链路的任务

无人机通信链路的主要任务是建立一个空地双向数据传输通道,作为在无人机飞行过程中,连接飞行器平台与地面指挥操控人员及设备的信息桥梁,其基本功能是传递地面遥控指令,采集接收无人机的飞行状态信息以及传感器的数据,无人机数据链路如图 6-1 所示。

知识点 2:无人机通信数据的传输

无人机数据链路包括一条用于地面控制站对飞行器及机上设备控制的上行数据链路(也叫指挥链路)和一条用于接收无人机飞行状态的下行数据链路。

1. 上行数据链路

上行数据链路主要包括地面控制站向无人机的飞控下达飞行指令、向导航系统下达航迹指令、向任务设备下达操作指令等,这些指令经过压缩加密后发往无人机。

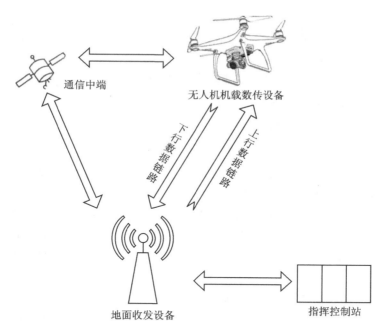

通信中端

无人机机载数传设备

下行数据链路

上行数据链路

地面收发设备

指挥控制站

图 6-1　无人机数据链路

2. 下行数据链路

下行数据链路主要包括无人机向地面端传输实时飞行数据、任务设备拍摄的图片、视频数据等，同样也需要经过压缩加密后传给地面端。

三、任务总结

一般下行传输的带宽需求要比上行传输的带宽需求大，因为下行数据传输涉及高清影像等，也就是整个通信链路的带宽大部分被下行链路所使用。

任务 6.2　无人机通信链路的结构与主要设备

一、任务导入

无人机通信链路包括上行数据链路和下行数据链路，要完成无人机平台与地面控制站之间的数据通信，需要各自配置专门的装置来进行两者之间电磁信号的接收和发射。

二、任务实施

知识点 1：无人机通信链路的基本组成与原理

无人机数据链路简化模型如图 6-2 所示。首先，基带信号（遥测、遥控、图像）在基带信号处理部分进行处理，然后送至发射机，由发射机转变成射频信号发给天线，由天线发送给信道。在接收端，天线将电磁信号转变成射频信号发送给接收机，接收机将射频信号转变成基带信号并送给基带信号处理部分进行处理。

图 6 - 2　无人机数据链路简化模型

通常,无人机数据链系统由两部分组成:一部分装在无人机上,称为机载数据链系统;另一部分装在控制站上,称为地面控制站系统。

知识点 2:无人机通信链路的结构

无人机通信链路的结构一般包括无人机链路的机载部分和链路的地面部分。

1. 无人机链路的机载部分(无人机平台)

无人机链路的机载部分包括机载数据终端和天线。机载数据终端包括接收机、发射机以及用于将接收机和发射机与系统连接的调制解调器,有些机载数据终端为了满足下行数据链路的带宽限制,还包括用于压缩数据的处理器。天线采用全向天线,有时也要求采用具有增益的定向天线。

2. 无人机链路的地面部分(无人机地面控制站)

无人机链路的地面部分包括一副或几副天线、RF 接收机和发射机以及调制解调器。若传感器数据在传送前经过压缩,则地面数据终端还需要采用处理器对数据进行重建。地面数据终端一般包括一条连接地面天线和地面控制站的本地数据线以及地面控制站中的若干处理器和接口。

3. 无人机的中继通信

对于长航时无人机而言,为克服地形、地球曲率和大气吸收等因素的影响,以及延伸链路的作用距离,普遍采用中继通信方式。当采用中继通信方式时,中继平台和相应的转发设备也是无人机链路系统的组成部分。

知识点 3:无人机通信链路涉及的主要设备

1. 天　线

无线电天线承担着发射和接收无线电信号的任务,当它发射电磁波时有向某一个方向集中的特点,有水平方向的,也有垂直方向的,不同天线表现不同。根据天线电磁波发射特点大致可分为全向天线、定向天线和卫通天线三种。

① 全向天线:能够向 360°范围内发射较强的电磁波的天线,最为常见的是鞭状天线,如图 6 - 3 所示。

② 定向天线:可集中向某一个方向进行电磁信号的发射和接收,常见的有八目天线和抛物面天线(见图 6 - 4 和图 6 - 5)。在无人机系统中,一般会将定向天线安装在可以活动的平台上,并配置高精度的伺服电机和角度传感器来提供水平方向 360°和垂直方向 180°的运动能力,通过地面控制站传来的无人机实时数据可以实时调整天线的朝向,让其始终对准无人机。

③ 卫通天线:是一种较为特殊的天线,从其功能特点来看其实也是一部抛物面定向天线,不过工作时并不是指向地面站,而是始终抬头向上对准太空中的某一颗卫星(见图 6 - 6),从而能够接收超远距离之外卫星传递过来的指令,并再通过卫星传输数据。

图 6 - 3　鞭状天线

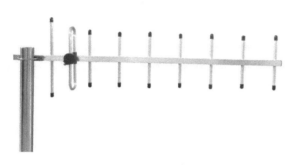

图 6 - 4　八目天线　　　　　　　　　　图 6 - 5　抛物面天线

图 6 - 6　卫通天线

　　目前,在所有消费级无人机和一些工业级无人机产品中,鞭状全向天线最为常见,无人机平台和地面遥控器或者地面控制站都会配置这种类型的天线。通常情况下,无人机机载全向天线垂直向下安装,有些固定翼无人机可能采用机尾水平安装,而在遥控器上一般直接安装在其上端。使用时,一般需要将鞭状天线的侧面对准空中的无人机。

2. 通信模块

在民用无人机工程领域,鞭状天线产品已经很成熟了,并且形成了一系列功能各异的模块化产品,具有"即插即用"的配置功能,最常见的是数字信号通信天线模块(简称数传模块)和图像信号通信天线模块(简称图传模块)。

① 数传模块:数传模块就是两根成对出现的短小鞭状全向天线,长度为 $10\sim12$ cm,也有少数长度为 $15\sim20$ cm,其中一个作为机载天线,另一个作为地面站天线,如图 6-7 所示。

数传模块的两根天线都根据民用无人机航电设备特点提供了标准的安装和通信接口/协议,其中带有 USB 接口的是地面站天线,直接插入到计算机 USB 接口即可(部分配置计算机可能需要安装驱动程序),另一根则直接和飞控相连。两根天线的电源分别由计算机和飞控提供,无须额外电池供电。数传模块的功率比较低,通常有效通信距离在 500 m 左右,有些产品可以达到 1 000～2 000 m。

② 图传模块:从外观上来看,和数传模块很相似,也是一对鞭状天线;不同的是,因为图像传输数据量较大和算法需要特殊解码,因此地面站天线显得稍微大一些,如图 6-8 所示。图传模块本身也具备传输数据的能力,所以无人机如果配置了图传模块,若没有特殊要求,则无须再配置数传模块。

图 6-7　数传模块

图 6-8　图传模块

三、任务总结

本任务主要介绍了无人机通信链路的结构及主要的通信设备,文中介绍的图传和数传模块大多数使用在一些消费级无人机和部分工业级无人机中,而在一些品牌工业级无人机中往往会采用品质更高、集成化更强的配件产品。

任务 6.3　无人机通信信号

一、任务导入

无人机的无线控制信号有遥控器信号、数据传输信号和图像传输信号,不过遥控器终究还是一个通过数传来操控无人机的控制端,使用的还是数据传输方式。一般情况下,无人机的数传链路和图传链路是分开的,避免一旦图传链路坏了影响到数传链路。

二、任务实施

知识点 1:遥控器通信

1. 遥控器

遥控器也称为发射机,是通过数字比例无线电控制系统对无人机发送飞行指令的装置,如图 6-9 所示。

2. 遥控器通信

遥控器通信是低空操控无人机飞行的主要通信方式,无人机的遥控器信号大多采用无线通信芯片,以及 2.4G 无线技术。2.4G 无线技术采用的是 2 408~2 440 MHz 的信号,这个频段的信号受到的干扰较少,一般用于高速传输。但因为目前手机、蓝牙、WiFi 都占用这个频段,导致遥控器信号传输分配的带宽很小,所以为了保证传输信号的质量,传输的距离不宜太远,在开阔的无人区控制范围最远只能达到 1~2 km。

图 6-9　无人机遥控器

遥控器的通道控制无人机的每一路信号,遥控器的每一个通道发出的信号对应着机载接收机的各接收信号端,这些信号传递的是各通道的控制数据,可以将操纵杆产生的角度准确地等比例地传递到飞控、舵机或电调上,实现对无人机的姿态控制。无人机用到的遥控器最少需要 4 个以上的通道,这 4 个基本的飞行控制通道分别为副翼通道、升降通道、油门通道、方向通道。除了基本通道外还需要有模式切换通道、起落架收放通道、作业任务控制通道等其他辅助功能通道。

遥控器通过无人机上的接收机来控制无人机,具体过程为遥控器与接收机之间进行信号传递,并通过通信使其建立稳定的连接,遥控器与无人机的通信过程如图 6-10 所示。

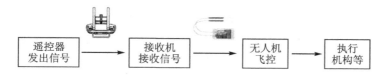

图 6-10　遥控器与无人机的通信过程

知识点 2:数据、图像信号

无人机数据、图像传输需要地面控制站与无人机之间有数据链路,其数据链路分为两条,一条发射出去,一条接收进来,即常说的上行和下行数据链路。

无人机与地面控制站之间依靠数传电台(即数传模块或图传模块)进行通信,数传电台的作用是实现无人机与地面控制站数据的相互传输。地面控制站会上传控制指令,实现操控无人机的目的;机载端回传飞机高度、速度、电量、位置等信息,达到实时监控无人机状态的目的。在无人机上数传电台常用的频率有 2.4 GHz、433 MHz、900 MHz、915 MHz。一般 433 MHz 使用的较多且为开放频段,433 MHz 的波长较长、穿透力强,传输距离为 5~15 km。

知识点3：中继通信

目前,常用的中继通信有两种:一种是通过卫星进行中继通信,另一种是无人机中继通信。卫星中继通信一般由机载用户终端和卫星中继站组成,地面指挥站通过光纤将无人机的控制指令传往地面卫星通信站进行处理,经过数据加密、编码、控制和变频放大后再通过天线发送给卫星,由卫星将控制指令传送给无人机。

无人机中继通信一般由地面指挥系统、中继无人机、任务无人机组成。一般用在数百千米内的控制飞行中,即发射一架搭载中继天线的中继无人机,将天线分别指向无人机和地面指挥系统,以实现无人机远程操控,如图6-11所示。

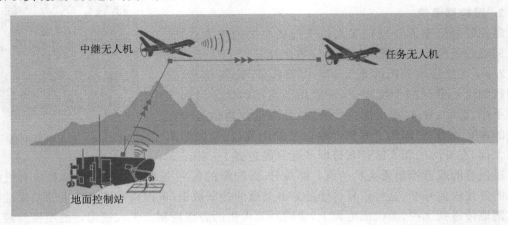

图6-11　无人机中继通信

知识点4：民用无人机频段使用相关事宜

为了强化无线电频率波段的管理,2015年工业和信息化部无线电管理局针对民用无人机使用特殊情况制定了《民用无人机系统频率使用事宜》规范文件,主要内容包括以下三点:

① 840.5～845 MHz频段可用于无人机系统的上行遥控链路,其中841～845 MHz频段也可采用时分方式用于无人机系统的上行和下行遥控链路。

② 1 430～1 446 MHz频段可用于无人机系统下行遥测与信息传输链路,其中1 430～1 434 MHz频段应优先保证警用无人机和直升机视频传输使用,必要时1 434～1 442 MHz频段也可用于警用直升机信号传输。无人机若在市区部署,应使用1 442 MHz以下的频段。

③ 2 408～2 440 MHz频段可以用于无人机系统下行链路,但无线电台工作时不得对其他合法无线电业务造成影响,也不能寻求无线电干扰保护。

2015—2017年,实际民用无人机工程应用中,GPS信号则采用标准的1.5 GHz频率,数据传输多使用2.4 GHz频率,图像数据传输多使用5.8 GHz频率。2017年7月无线电管理局以发布通告的形式加强了对5 725～5 850 MHz频段无线电设备的管理。

三、任务总结

本任务介绍了无人机遥控器信号、数据传输信号和图像传输信号以及三种信号通信常用的频段。通信链路是无人机完成任务的关键,其质量的好坏直接关系到无人机发现和识别目标的能力。

【知识点总结】

本单元知识点思维导图如图 6-12 所示。

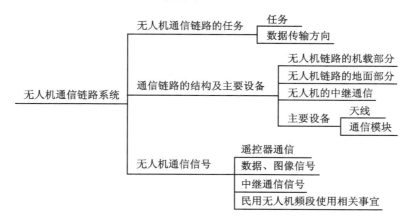

图 6-12　知识点思维导图

单元测试

学完本单元后,请同学们完成下表内容,并由教师给出综合评价。

班　级		姓　名		学　号		日　期	
一、相关知识 　1. 在实际民用无人机工程应用中,GPS 信号采用_____频率,数据传输多使用_____频率,图像数据传输多使用_____频率。 　A. 5.8 GHz　　　　　　　B. 2.4 GHz　　　　　　C. 1.5 GHz 　2. 地面控制站向无人机的飞控下达飞行指令属于_____。 　A. 上行链路　　　　　　B. 下行链路　　　　　C. 双向链路 　3. 调查三款不同规格的数传模块,并比较它们的性能及适用场景。 　4. 结合日常所用无人机,阐述无人机通信链路的功能。 　5. 画出数传模块与无人机飞控的接线示意图。 							

班　级		姓　名		学　号		日　期	

二、评价反馈

　1. 自我评价

　2. 学生建议

成绩评定			教　师	

第7单元　无人机地面控制站

【描　述】

本单元主要围绕"无人机地面控制站"展开学习,无人机地面控制站是无人机系统的重要组成部分,是地面的基站,主要用于无人机飞行的控制及管理、无人机平台飞行状况的监视、无人机的遥控操作等。

【学习目标】

➢ 掌握无人机地面控制站的功能。
➢ 了解无人机地面控制站的典型配置。
➢ 了解无人机常用地面控制站的种类。
➢ 了解无人机地面控制站的关键技术与发展趋势。

任务7.1　无人机地面控制站的功能及典型配置

一、任务导入

无论是消费级无人机、工业级无人机还是军用级无人机,都必须要在控制回路设置一个飞行控制设备,即无人机地面控制站(Ground Control Station,GCS)。随着科技的发展,更多的硬件被加入无人机系统,使无人机具备自动执行飞行任务和飞行模式切换的能力,地面控制站的功能也逐步强大起来,并且已经具备了系统调试、参数调试、硬件校正、飞行数据在线处理、飞行模式切换等功能。

二、任务实施

知识点1:无人机地面控制站的功能

1. 导航和目标定位

无人机在任务需求或遇到特殊情况时,可通过地面站对无人机进行导航控制,使无人机按照预设路线飞行。无人机通过数据链路将方位角、高度、距离等参数发送给地面站,地面站将这些量与正确的无人机瞬时位置数据结合起来精确地计算目标位置来实现目标定位。

2. 无人机的姿态控制

地面控制站要实现无人机的姿态控制,首先须通过机载传感器获得无人机姿态信息,再通过数据链路将这些参数传输给控制站计算机,根据控制算法算出控制要求,形成控制参数和控制指令,然后再通过数据链路将这些参数和指令传输到无人机的飞控计算机,从而实现对无人机的姿态控制。

3. 有效载荷数据的显示和控制

有效载荷是无人机任务的执行单元,地面控制站根据任务要求实现对有效载荷的控制,并通过对有效载荷状态的显示来监督任务的执行情况。

4. 任务规划、航线的地图显示、无人机位置监控

任务规划主要包括研究任务区域地图、标定飞行路线、向操作员提供规划数据等内容。航线的地图显示及无人机位置监控主要便于操作人员实时地监控无人机和航迹的状态。

5. 与其他子系统的通信链路

该通信链路用于指挥、控制和分发无人机收集的信息。

知识点 2:无人机地面控制站的典型配置

典型的地面控制站由一个或多个操作控制分站组成,可实现无人机的控制、任务的控制、载荷操作、载荷数据分析和系统维护等功能,如图 7 - 1 所示。

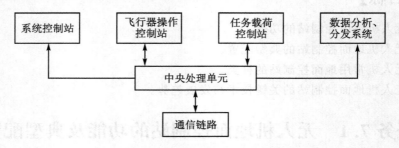

图 7 - 1　无人机地面控制站示意图

① 系统控制站:在线监视系统的具体参数,包括飞行期间无人机的健康状况、显示飞数据和警告信息等。

② 飞行器操作控制站:可提供良好的人机界面来控制无人机的飞行。飞行器操作控制站包括命令控制台、飞行参数显示、无人机轨道显示和一个可选的载荷视频显示。

③ 任务载荷控制站:用于控制无人机所携带的传感器,由一个或几个视频监视仪和视频记录仪组成。

④ 数据分析、分发系统:用于分析和解释无人机获得的图像。

⑤ 中央处理单元:包括一台或多台计算机,其主要功能是利用所加载的控制软件对飞行参数进行解算处理,并将处理结果分别传送到飞行操作控制站和任务载荷控制站,由各自的操作人员负责进行人工监控与处理。

⑥ 通信链路:包括发送上行链路信号的天线和发射机,捕获下行链路信号的天线和接收机。

知识点 3:无人机常用地面控制站的种类

在民用无人机领域,由于涉及的应用场景较多,地面控制站呈现出多样性,下面举例说明。

1. 航拍领域

航拍地面控制站极为简单,多数采用"遥控器+移动终端"构成的简单控制方式,如图 7 - 2 所示。

2. 测绘、植保等领域

测绘、植保无人机需要进行全自动的航线规划和任务设备控制等工作,多数采用较为专业的便携式地面控制站,如图 7-3 所示。

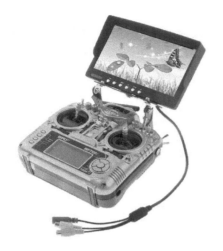

图 7-2　航拍用地面控制站

图 7-3　便携式地面控制站

3. 警用领域

警用地面控制站由于任务设备更专业,数据处理量偏大,会采用基本的飞行控制站和任务设备控制站,有些还会配置数据分析系统和分发系统,是比较高端的民用地面站系统,如图 7-4 所示。

图 7-4　警用地面控制站

知识点 4:无人机地面控制站常用软件

地面控制站软件是地面控制站实现各种功能的核心,目前民用无人机领域的地面控制站软件主要有三类:一是开源式地面控制站软件,此类地面控制站软件在消费级及工业级领域较为常见;二是在开源式地面站基础上进行针对性的改良,再配套硬件设备,形成的新的工业级地面控制站产品,多用于较为专业的工业级无人机产品;三是独立开发、拥有全部产权代码的地面站软件,此产品性能稳定、匹配性高,与地面控制站的硬件以及无人机平台的适应性比较好,在高端消费级无人机和专业工业级无人机中比较常见。

总的来说,地面控制站软件是无人机公司的核心技术之一,一般不会公开,因此本知识点主要以开源式地面控制站软件为例,进行简单介绍。

就目前市场来看，Mission Planner 是使用较广泛的一款开源式地面控制站软件，该软件和 APM/Pixhawk 开源式飞控一样，由 Ardupilot 团队开发，可以匹配固定翼无人机、多旋翼无人机、无人直升机、无人车辆、无人船等各类无人操作平台，电子地图采用的是卫星地图。Mission Planner 软件界面风格简洁，与 GPS 模块配合使用可以实现对无人机的航迹控制。

三、任务总结

无人机地面控制站，形象来说就是一台电脑（手机、平板）、一个电台、一个遥控、一个控制无人机的软件（装在电脑上），通过航线规划工具规划无人机飞行的线路，并设定飞行高度、飞行速度、飞行地点、飞行任务等，再通过数据端口连接的数传电台将任务数据编译传送至飞控中，从而控制无人机的飞行姿态等。

任务 7.2 　无人机地面控制站的关键技术与发展趋势

一、任务导入

地面控制站作为整个无人机系统的作战指挥中心，功能极其强大，其不仅能控制同一型号的无人机群，而且还能控制不同型号无人机的联合机群；无人机地面控制站系统具有开放性和兼容性，即不必进行现有系统的重新设计和更换就可以在地面控制站中通过增加新的功能模块实现功能扩展，其相同的硬件和软件模块可用于不同的地面站。

二、任务实施

知识点 1：无人机地面控制站的关键技术

1. 友好的人机界面

GCS 为操作员提供了一个友好的人机界面，帮助操作员完成监视无人机、控制任务载荷及通信设备的工作，方便操作员规划任务航线、控制无人机、控制任务载荷及通信设备。

2. 操作员的培训

当代无人机操控的主导者仍然是人，人机交互是无人机有效执行任务的重要环节，操控者必须能在紧急时刻快速、正确地发出操控指令，因此，操控人员的素质与技能水平培训是一个关键环节。

3. 一站多机控制

一站多机控制是指一个地面控制站系统控制多架、甚至多种无人机。无人机地面控制站朝着高性能、低成本、通用性方向发展。

4. 开放性、互用性和公共性

开放性是指不必对现有系统进行重新设计和研制就可以在地面控制站中添加新的功能模块。互用性是指地面站能控制任何一种不同的无人机和任务载荷，并且能够接入连接外部的任何一种通信网络。公共性是指某个地面站可与其他地面站使用相同的硬件及部分或者完全相同的软件模块。

5. 地面站对总线的要求

随着无人机技术的不断发展，通信量越来越大，这就要求地面控制站系统的无线通信、任务处理、图像处理能力不断增强,因而需要采用高带宽、低延迟的总线网络以实现各部分之间的互联。

6. 可靠的数据链

发展安全、可跨地平线、抗干扰的宽带数据链是无人机的关键技术之一。近年来,射频和激光数据链技术的发展为其奠定了基础。除了带宽要增加外,数据链也要求可用和可靠。另外,对于不可避免的电子干扰,数据链需要采用复杂的信号处理和抗干扰技术(如扩频、调频技术等),确保在数据链失效的情况下,飞机能安全返回基地。

知识点 2:无人机地面控制站的发展趋势

1. 发展通用地面站

许多国家都在努力发展通用地面站,来确定一套通用的图像存储与传输协议,以解决各层次无人机之间的地面站和数据的接口标准问题。

2. 重视一站多机的地面站设计

一站多机地面站设计可使用较少的操作员操纵更多的无人机,这样既提高了操作效率,也减少了人力成本。

3. 发展可靠、干扰小、宽带宽的数据链路

其涉及的关键技术有:数据链路的抗截获、抗干扰的编码、加密、变频、跳须、扩频与解扩技术和图像压缩与传输解压以及高速信号处理技术等。

4. 发展人工智能决策技术

无人机的自主程度取决于人工智能决策技术。尤其针对无人战斗机,需要一些智能的、基于规则的任务管理软件来驱动安装在无人机上的综合传感器,保证通信联接,完成无人机与操纵人员的交互,使无人机不仅能确保按命令或预编程来完成预定任务、对已知的目标做出反应,还能对随机突现的目标做出相应反应。

5. 发展无人机中继通信

地面控制站与无人机之间的中继通信用以提高作战半径和地面控制站的安全性。关键技术包括超视距中继转发与传输、多通道大容量实时信息中继复合传输、军民共享卫星链路和中继载体与无人机协调等技术。

三、任务总结

越是高端的无人机,自动化程度越高,不但可以自动飞行,而且可以自动起飞、降落、空中加油甚至在航母上降落,因此无人机整个系统可靠性一定要高。对于无人机地面控制站而言,操作员是至关重要的,需要进行针对性的专业培训才可以上岗,专业培训包括理论学习、模拟操作和实际飞行操作训练等。

【知识点总结】

本单元知识点思维导图如图 7-5 所示。

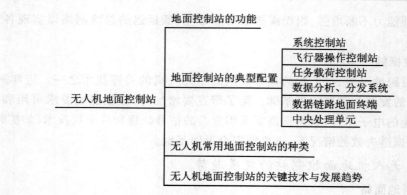

图7-5 知识点思维导图

单元测试

学完本单元后,请同学们完成下表内容,并由教师给出综合评价。

班 级		姓 名		学 号		日 期	
一、相关知识							
1. 分析归纳地面站与飞控、地面站与通信链路的关联。							
2. 简述地面控制站的功能。							
3. 查询资料整理几款常用地面站软件,并对比说明他们各自的特点。							
4. 简述地面控制站的构成。							
二、评价反馈							
1. 自我评价							
2. 学生建议							
成绩评定			教 师				

第8单元　无人机任务载荷系统

【描　述】

本单元主要围绕"无人机任务载荷系统"展开学习,无人机本身只是一个任务平台,具体功能的发挥要依靠无人机所搭载的任务设备。例如,如果搭载的是照相机,那么就是一台无人航拍机;如果搭载的是药箱,就是一台植保无人机;如果搭载的是武器,就是无人攻击机;如果什么任务设备都不搭载,那就是一个只能飞行的无人机平台。

【学习目标】

➤ 理解无人机任务载荷的重要性。
➤ 熟悉无人机常用光学摄影设备。
➤ 了解合成孔径成像技术。
➤ 熟悉无人机喷洒设备的组成。

任务8.1　无人机任务载荷的概念及基本载荷

一、任务导入

无人机搭载的任务载荷比较复杂,涉及的产品诸多,本任务将结合目前无人机岗位需求,对应岗位任务,介绍民用无人机所搭载的常用任务载荷。

二、任务实施

知识点1:任务载荷的概念

任务载荷是指装备到无人机上,用以完成任务的设备、仪器以及子系统等。无人机任务载荷的快速发展极大地扩展了无人机的应用领域,无人机根据其功能和类型不同,所搭载的任务载荷也不同。

知识点2:无人机基本任务载荷

截至目前,民用无人机应用领域搭载的任务载荷有:光学摄影设备、微波成像设备、液体喷洒设备等。光学摄影设备包括普通可见光相机、微光相机、红外成像设备和热成像设备,可用于影视航拍、测绘、消防、安防等领域;微波成像设备主要用于测绘、安防等领域;液体喷洒设备主要用于植保、林业等领域。

三、任务总结

随着无人机技术的不断进步,无人机任务载荷也在悄然经历着更新换代,已从最初单一的光电侦查载荷发展到后来的合成孔径雷达、激光雷达等多种载荷类型。任务载荷的大小和重量也是无人机设计时需要考虑的重要因素。

任务8.2　光学摄影设备

一、任务导入

无人机航拍摄影是目前消费级无人机的主流应用,其具有高清晰、大比例尺、小面积、高现势性等优点,特别适合用于获取如公路、铁路、河流、水库、海岸线等带状地区的状况工作。

无人机所携带的航拍摄影设备至关重要,直接影响着最终作品的质量。

二、任务实施

知识点1:普通光学相机

1. 光学相机

无人机所使用的相机一般是运动相机,相机重量要轻,要能防水、防撞,拍摄效果要清晰,如图8-1和图8-2所示。

图8-1　无人机搭载相机示意图1

图8-2　无人机搭载相机示意图2

在消费级和工业级无人机领域,主要使用卡片相机和一种改进版本的单反相机,这些相机的主要参数有传感器、ISO、像素、分辨率、工作模式、曝光模式、存储格式等。

2. 云　台

一般来说,无人机的任务载荷大多需要安装在各种平台上面以实现在水平和竖直方向进行转动,从而使任务载荷充分发挥作用。

云台就是用于连接无人机与摄像机或相机支撑架,承载摄像机或相机进行水平和垂直两个方向转动的装置。云台一般安装在多旋翼无人机中央机身的下方位置,通过螺钉与机体紧固,并提供减震装置。无人机普遍使用无刷电机云台,通过无刷电机的伺服来调节相机、摄像机的稳定,如图 8 - 3 所示。

图 8 - 3　机载云台示意图

无人机上的各种任务载荷,如:光电/红外传感器、合成孔径雷达、激光雷达、激光测距机和各种武器设备等都需要这样的云台。另外,云台还须具有能够接收遥控指令并根据指令进行调整或保持一个特定角度的功能;其他可选的特性还有:防爆、防水、耐高温、抗风等。云台的这些功能特性可保证无人机在飞行过程中,使任务载荷能进行有效的作业。

知识点 2：微光摄像设备

普通的光学相机只能在可见光比较强的白天拍摄,而微光摄像设备则可以在阴天或者能见度较低的环境下工作,微光夜视摄像头如图 8 - 4 所示。在无人机领域这种设备主要以机载云台形式出现,云台主要吊挂在无人机平台下方,内部配置的伺服电机可以使摄像头具备水平和垂直两个平面的自由运动能力。

知识点 3：红外成像设备

从原理上来讲,无论是普通的光学相机还是微光夜视设备,得到的图像都是物体所发射的可见光的像,但一些特殊行业,不仅要求全天提供可视化的影像,还要能够提供更为深入的分析图像。如电力系统,要求能实时判断出电气设备故障出现在哪里,而不是简单的拍照,而红外成像设备则可满足这一需求。

在民用无人机领域,红外热成像设备主要集中应用在工业级无人机方面,而且多数采用和普通可见光摄像头组合方式进行配置,也有两者集成到一套镜头系统的组合,红外热成像装备如图 8 - 5 所示。无人机搭载的红外热像仪的典型特点是无须任何光照,具有真正的夜视功能,并可穿透浓烟、雾霾等恶劣环境,可视距离达数千米,白天、夜间均可正常作业。

民用无人机搭载红外热成像设备主要用于电力巡线、警卫、森林防火、消防、安全生产等领域,可进行可疑人员识别跟踪、野外热源搜索、厂矿企业故障排查等工作。图 8 - 6 所示为无人机搭载红外热成像设备进行电力巡线工作时所拍摄的影像。

图8-4　微光夜视摄像头　　　　　图8-5　红外热成像设备

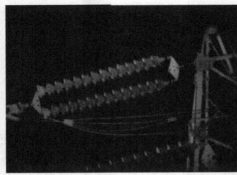

图8-6　无人机电力巡线拍摄影像

图8-7所示为波士顿马拉松爆炸案嫌犯受伤后躲在船内,被机载红外成像设备发现的影像。

图8-7　无人机搭载红外成像设备拍摄到的嫌犯影像

知识点 4：VR 成像设备

VR360°全景摄影在一些消费级无人机上率先进行了设备搭载试验，并取得不错的摄像效果。VR360°全景摄影设备由多台可见光的摄影设备组成，具有能够在 360°全方位同时拍摄画面的能力，如图 8-8 和图 8-9 所示。

图 8-8　360°全景 VR 相机

图 8-9　360°全景拍摄效果

目前搭载这种设备的消费级无人机大多用于专业级航拍，如电影领域的航拍。对于个人消费者而言，因其设备成本较高及图像后期处理烦琐，还未成为主流方向。

知识点 5：倾斜式航测设备

倾斜式航测设备是目前民用无人机航测领域的主流技术设备，这种航测设备本身也是普通的光学相机，只不过采用倾斜式的工作方式，对地面目标进行多角度、全方位的光学摄影，倾斜相机示意图及无人机搭载倾斜式航测设备如图 8-10 和图 8-11 所示。

图 8-10　倾斜相机示意图

图 8-11　无人机搭载倾斜式航测设备

搭载倾斜式航测设备主要以尺寸较大的工业级多旋翼无人机搭载为主，应用在抗震救灾、地质勘探、基础设施野外测绘等领域，可以完成目标区域的三维测绘作业，如图 8-12 所示。

三、任务总结

普通光学相机、微光夜视设备、红外热成像设备等光学成像设备都是通过被动地捕捉目标物体表面所反射的某种光波来形成一个特定的成像，所以它们对工作环境有着较高的依赖性，比如云层、表面覆盖物、距离、烟雾等都会降低成像的质量。

图 8 - 12　倾斜摄影技术的应用

任务 8.3　合成孔径雷达成像设备

一、任务导入

　　普通光学相机、微光夜视设备、红外热成像设备等光学成像设备都是通过被动地捕捉目标物体表面所反射的某种光波来形成一个特定的像,正是这种被动式的原理特征,使得它们对工作环境有着极高的依赖性,比如云层、距离、障碍物等,这些不利因素都会降低成像的质量。针对这一弊端,一种全新的主动式成像技术出现了,这就是合成孔径雷达成像技术。

二、任务实施

　　合成孔径雷达(SAR)是一种高分辨率成像雷达,可以在能见度极低的气象条件下得到类似光学照相机的高分辨图像。成像原理是利用一个小天线沿着长线阵的轨迹等速移动(雷达与目标物形成相对运动),并辐射雷达波束,把在不同位置接收的回波进行相应处理,从而获得较高分辨率的成像雷达,如图 8 - 13 所示。

　　作为一种主动式微波传感器,合成孔径雷达具有极佳的环境适应性,不受光照和气候条件等限制,可实现全天时、全天候对地观测,甚至可以透过地表或植被获取被掩盖的信息;而且,合成孔径雷达由于采用波长较短的高频电磁波,因此对目标细节特征捕捉能力比较强,整体成像的分辨率极高,不仅可以平面成像,还可以三维立体成像,其精度标准比现在民用无人机测绘领域中使用的光学倾斜式摄影成像要高得多;此外,合成孔径雷达的作用距离可以非常远,甚至在外太空都可以对地面的一枚硬币进行高清晰成像。

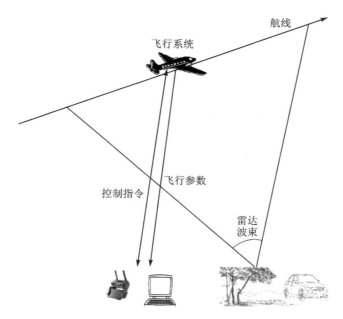

图 8 - 13　合成孔径雷达成像原理示意图

三、任务总结

合成孔径雷达需要对目标进行倾斜式的扫描照射,因此一般安装在机身的一侧,且还需要与地面保持一定的倾斜角。另外,也有前视倾斜安装在机头位置面向前方地面的。

任务8.4　液体喷洒设备

一、任务导入

前面所述任务载荷都属于拍摄成像一类,而对于无人机而言,不仅仅只能用来空中拍摄,还可以用来进行空中喷洒作业。在无人机大面积普及之后,对于小型农场甚至个人农田,可以通过配置液体喷洒设备进行空中喷洒作业,并且这已成为当前我国农业生产方面高效性的一大特色。

二、任务实施

知识点1:液体喷洒设备的组成

液体喷洒设备的组成结构较为简单,主要包括药箱、电子压力泵、软管和喷头。具体操作为:将配好的农药装入药箱,水泵提供动力引流,再通过导管到达喷头,将药物均匀地喷洒到农作物表面,如图 8 - 14 所示。

知识点2:药箱

药箱多采用塑料注塑成形,其设计的关键是要防止药液震荡。因为在植保作业中,无人机

图 8 - 14　无人机搭载液体喷洒设备

的稳定飞行是喷洒均匀的关键。药箱根据装药量有 10 L、20 L、30 L、40 L 等规格,其中最为常见的是 10 L 药箱,如图 8 - 15 所示。

知识点 3:电子压力泵

电子压力泵主要为抽取药箱中的药液提供压力,并对药箱加压使药液输往喷头;电子压力泵的主要参数包括最大压力和最大流量。电子压力泵一般要和飞控连接,从而实现自动控制或者人工遥控,如图 8 - 16 所示。

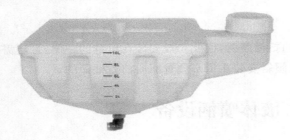

图 8 - 15　药　箱

图 8 - 16　电子压力泵示意图

知识点 4:喷头

喷头是药液的喷洒出口,经过加压后的药液在喷头处以一定角度(大多数在 90°～120°)的扇形锥面形式喷向地面,如图 8 - 17 所示。

目前植保无人机喷洒系统主要使用扇形压力喷头、离心喷头两种。

① 压力喷头:通过压力泵产生压力,使药液通过喷嘴时在压力的作用下破碎成细小液滴。优点:喷洒出的药液压力大、穿透性强、飘逸量较小,不易因高温、干旱等蒸发散失;喷洒系统相对简单,成本较低。缺点:药液雾化不均匀,雾滴直径相差较大,而且喷头容易堵塞,尤其是喷粉剂的时候。

② 离心喷头:通过电机带动喷头高速旋转,通过离心力将药液破碎成细小雾滴颗粒。优点:药液雾化均匀,雾化效果好,雾滴直径相差不大。缺点:离心喷头基本上不提供向下的压力,完全凭借无人机的风场下压,相对压力喷头,其飘逸量大一些,对于高杆作物和果树来说喷洒效果较差。

图 8 - 17　喷头示意图

三、任务总结

　　一般来说单旋翼植保无人机选用压力喷头比较好,适合果树、高秆玉米等作物喷洒、水稻害虫喷洒、高密度作物喷洒等。

【知识点总结】

　　本单元知识点思维导图如图 8 - 18 所示。

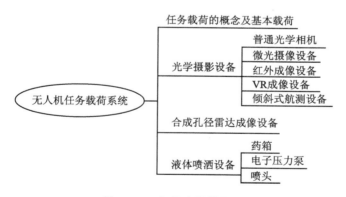

图 8 - 18　知识点思维导图

单元测试

学完本单元后,请同学们完成下表内容,并由教师给出综合评价。

班　级		姓　名		学　号		日　期	
一、相关知识 　1. 上网观赏几段无人机的航拍片段,并说出你的感受。 　2. 阐述无人机航拍涉及到的设备。 　3. 对比微光成像和红外成像技术的特点,并举例说明它们的典型应用。 　4. 查找两款不同规格的液体喷洒设备的性能特点。 二、评价反馈 1. 自我评价 2. 学生建议							
成绩评定				教　师			

第9单元　无人机行业应用

【描　述】

本单元主要围绕"无人机行业应用"展开探讨。伴随着无人机应用技术的不断提升,"无人机＋"正在以难以预测的速度与方式影响着人类,并且渗透在人们生活的方方面面。本单元主要从民用领域无人机典型行业应用入手,阐述各行业的无人机应用前景、应用特点、行业应用模块、行业应用技巧等知识。

【学习目标】

➢ 了解无人机农业植保、航测、物流等应用。
➢ 思考民用领域无人机现状及发展趋势。
➢ 在了解无人机应用的基础上,能对自己工作进行初步定位。

任务9.1　无人机农业植保

一、任务导入

中国是个农业大国,每年有18亿亩农田需要进行植保作业。据官方统计,我国每年农药中毒人数约为10万人,其致死率约为20%。伴随着无人机应用领域不断扩展,无人机植保作业逐步取代了人工作业。

二、任务实施

知识点1：无人机植保作业

无人机植保作业是指利用无人机进行农药喷洒、施肥、播种和辅助授粉等植保作业。无人机植保具有效率高、安全性高、节水节药、适应性强等优点。

植保无人机大多数为旋翼机,因为旋翼的下洗气流会增加药物对作物的穿透性,防治效果较好。

知识点2：植保无人机

植保无人机,顾名思义,是指用于植保作业的无人飞机,此类无人机一般由无人机飞行平台(固定翼、直升机、多旋翼)、导航飞控、喷洒机构三部分组成。通过地面遥控系统或无人机自身的导航控制系统来实现喷洒药物、播种等一系列的植保作业,如图9-1所示。

目前,市面上常见植保无人机机型有无人直升机、多旋翼无人机,它们各自搭载的植保模块包括药箱(见图9-2)、喷头(见图9-3)、压力泵(见图9-4)、水管接头(见图9-5)等。

图 9-1 植保无人机

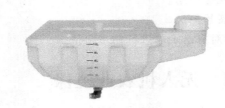

图 9-2 药 箱

图 9-3 喷 头

图 9-4 压力泵

图 9-5 水管接头

1. 无人植保直升机

无人直升机植保作业就是在无人直升机上搭载植保模块进行作业,该机型作业具有作业高度低,飘移量小,可空中悬停,无须专用起降机场等优点。另外,无人直升机的旋翼产生的下洗气流较大,可以增加药物穿透性,提高喷洒效率,无人植保直升机如图 9-6 所示。

2. 多旋翼植保无人机

多旋翼植保无人机作业就是在多旋翼无人机上搭载植保模块进行作业,无人机所搭载的喷洒设备的喷头大多为喷雾式,这种类型的喷头可以大大节省用水量和农药使用量,而且多旋翼无人机相比于其他类无人机来说操作更加简单,多旋翼植保无人机如图 9-7 所示。

图 9-6　无人植保直升机

图 9-7　多旋翼植保无人机

知识点 3：植保作业流程

1. 确定植保任务

确定防治农作物类型、作业面积、地形、病虫害情况、防治周期、使用药剂类型以及是否有其他特殊要求等。

2. 确定植保队伍

在确定植保任务后，就需要确定植保作业人员、植保无人机数量以及运输车辆等。一般农作物都有一定的防治周期，在这个周期内如果没有及时完成任务将达不到预期的防治效果。对植保作业来说，首先应该做到保证防治效果，其次才是如何提升效率。

3. 现场勘察与相关物资准备

在植保作业之前，要提前查看近几日的天气状况，恶劣天气会对作业造成困扰。然后是物资准备，如电动多旋翼无人机需要的动力电池（一般 5～10 组）、相关的充电器，以及作业地点不方便充电时可能要随车携带发电设备等；由于国家对散装汽油的管控，所以要提前加好油动直升机所需的汽油或者掌握作业地加油条件（一般采用 97♯汽油）以及到当地派出所申请农业散装用油证明、备案等工作。然后是相关配套设施准备，如农药配比和运输需要的药壶或水桶、飞控操作人员和助手协调沟通的对讲机以及相关作业防护用品(眼镜、口罩、工作服、遮阳帽等)。

4. 开始植保作业

首先,植保人员应提前到达作业区,熟悉地形、检查飞行航线路径有无障碍物、确定无人机起降点及作业航线基本规划等。

然后,进行农药配置,一般需要根据植保无人机作业量提前配制半天到一天所需的药量。

最后,进行植保无人机起飞前检查、相关设施测试确定(如对讲机频率、喷洒流量等),报点员就位后,飞手操控植保无人机进行喷洒作业。

5. 作业结束后整理

当天作业任务完毕后,应记录作业结束位置,以便第二天继续对前一天未完成的区域进行喷洒。然后清洗保养无人机,对植保无人机系统、各项物资消耗(农药、汽油、电池等)进行检查,记录当天作业亩数、飞行架次、当日用药量与总作业亩数是否吻合等。

植保无人机作业

三、任务总结

我国植保无人机主要应用在新疆、东北三省(黑龙江、吉林、辽宁)、河南、湖南、山东、安徽、海南等农业比较集中的省份,无人机植保的植物种类主要有小麦、大豆、玉米、水稻、烟叶等。据统计,截至 2016 年,我国生产专业级无人机的公司有 300 多家,其中 200 多家为植保无人机生产厂家。随着信息技术的发展,植保无人机的精准定位、精准施药等功能将促进无人机植保行业更好地发展。

任务 9.2　无人机航拍

一、任务导入

航拍又被称为空拍、航空摄影,具体是指从空中拍摄地面,通过机载设备获得所拍物体的俯视图。首个实现航拍的摄影师是纳达尔,他当时用气球机载摄影机对地面进行了拍摄,虽然作品只具备观赏价值,但却是首位实现从空中观察地球的人。近几年,航拍无人机成为大众消费的主流。

二、任务实施

知识点 1:无人机航拍摄影

无人机航拍摄影简称无人机航拍,是指以无人机作为空中平台,通过机载遥感设备(相机、红外扫描仪等)获取信息,用计算机对图像信息进行处理,并按照一定精度要求制成图像的摄影方法。

无人机航拍能够最大程度减少野外作业量,减轻劳动强度,增大劳动效率,并且不受地理环境条件的限制,具有迅速、准确、经济等优势。

随着飞行技术、飞机、摄影设备、摄影材料的迅速发展,无人机拍摄出的影片质量日益提升,用途日益广泛。无人机航拍摄影广泛应用于影视剧航拍、交通监视、环保检测、抢险救援等领域。

知识点 2：航拍无人机

航拍无人机平台有多旋翼无人机和固定翼无人机,固定翼无人机可以携带较高的负载,飞行距离较远,但是不可以定点拍摄,对跑道要求较高;多旋翼无人机操作简单,飞行速度可控,起降要求低,已成为主流航拍无人机。航拍无人机如图 9－8 所示。

图 9－8　航拍无人机

知识点 3：无人机航拍流程

无人机航拍流程大致如下:

① 提前准备。天气是影响航拍效果的最大因素,所以在接收到航拍任务后,需要先确定天气情况;其次需要专业的人员对此次任务进行一个系统的规划并做出方案;另外还需要检查航拍所须设备及工具,以保证顺利地完成航拍任务。

② 现场确定飞行路线。到达指定的作业区域之后,要进一步对航拍场地进行检查并确定飞行路线,可根据当时区域现场情况进行改动。

③ 准备云台。根据确定好的航线以及天气情况及时调整光圈与快门,这样才能拍摄出最好的效果。

④ 设备检查。地勤人员需要及时检查所有设备,包括电池电量和设备是否正常运转,要确保万无一失,因为最小的失误就会导致事故的发生。

⑤ 确定通信正常,因为有些航拍画面要实时传达。

⑥ 操控人员做起飞前的最后检查工作。

⑦ 操控人员操纵无人机起飞并检查飞行过程中是否存在问题。

⑧ 无人机进行航拍作业时,各岗位工作人员要密切观察飞机情况,一旦发生意外情况,要立刻通知操控人员进行安全降落。

⑨ 无人机降落后,要对信息进行及时的搜集,并且进行机器的整理,为下次飞行任务做好准备。

⑩ 在执行完航拍任务之后,根据客户要求进行原片的后期处理,处理完成之后发送给客户。

知识点 4：无人机航拍的应用

1. 景物拍摄

景物拍摄是无人机航拍最基本的应用,无人机携带相机或摄像机就可以进行大范围、多角度地拍摄,并且可使拍摄的画面具有鸟瞰的视觉特色和别样的艺术气息。

2. 交通监视

用于交通路况监视和交通流调控等,有利于构建水、陆、空立体化管理。

3. 影视剧航拍

无人机航拍使影视剧具有更多地拍摄角度和更震撼的拍摄效果,无人机航拍设备方便灵活且经济实用。

4. 抢险救援

无人机在抢险救援方面的应用主要有灾区平面影像航拍、灾区三维实景航拍、灾区灾情实时报道等,最大的优点是可到达工作人员到达不了的危险地方拍摄,保证了人员安全,又保证了拍摄质量,同时还具有实时性。

三、任务总结

无人机航拍所携带的摄像机可以由操控人员控制,也可以由飞行器自主控制。为了保证拍摄效果,在无人机上要搭载云台,云台利用三轴陀螺仪的稳定功能可提供高质量的稳定画面,即使在一些恶劣环境下,画面也十分稳定。

任务9.3 无人机物流

一、任务导入

无人机物流是利用无线电遥控设备和自身的控制程序,来操纵无人机进行低空飞行,并将快件自动送达目的地的过程,即给无人机搭载快件进行配送,通过地面控制端对无人机飞行安全进行监控,并确保物品准确送达。

二、任务实施

知识点1:无人机物流的优势

1. 直线距离最短

无人机在空中飞行距离为直线,距离短,可无视地形,相比于普通快件运输来说速度提升很大。

2. 运营成本较低

无人机运输快件成本较低,节省人力和时间。京东曾测算,使用无人机送快件之后配送成本将下降40%~50%。

3. 效率高、速度快

当前物流行业使用的无人机速度普遍较快,多旋翼无人机速度逊色于固定翼无人机,但是多旋翼无人机稳定性较好。

4. 适用于小批量、高频次运输

据统计,大部分的快件质量低于2.5 kg,这意味着大多快件都可以通过无人机配送,相比于其他配送方式,无人机送快件有着得天独厚的优势。

5. 非常适用于偏远地区和紧急件的派送

无人机送快件非常适合偏远地区及最后一公里距离的配送,既节省时间,又节省成本。相比于其他配送方式来说,无人机配送可以完美的避开大部分问题,而且还能保证速度。

知识点 2：无人机物流系统

无人机送快件之所以能够取得有效的成果，离不开无人机物流系统各部分的协同工作，无人机物流系统主要由快递无人机、自助快递柜、快递盒、快递集散中心、区域调度中心等部分组成。

1. 快递无人机

快递无人机有固定翼和多旋翼无人机，固定翼无人机的续航时间较长，速度较快，负载较高；多旋翼相比于固定翼来说性能较稳定并且可控。

2. 自助快递柜

自助快递柜可引导无人机降落，而且向区域调度中心发送该柜的快递列表信息和无人机等候信息。自助快递柜会与用户联系快递情况，用户也可以通过自助快递柜投送快递。

3. 快递盒

快递盒主要用于包装快递，便于无人机携带。空闲的快递盒放置在区域快递柜的快递盒架上，供用户自行取用。

4. 快递集散中心

快递集散中心主要负责不同地方区域的快递集散。

5. 区域调度中心

区域调度中心统一管理各自区域所有快递的接收和配送工作，还可以为无人机指派任务。

知识点 3：无人机调度流程

由于无人机续航能力有限、快递业务面积广、通信手段不成熟等因素，业内一般将整个无人机快递系统划分为若干区域，区域内部独立运作，区域之间协同运作，以保障无人机快递系统的运行通畅。

无人机快递系统中，对无人机的调度最关键，既要保证每个快件都能安全送达，还要保证无人机的安全性。

调度流程如下：

① 无人机实时向调度中心发送自身的状态信息，如是否处于任务执行中，调度中心根据接收的信息不断地更新无人机的实时状态，以确保能够及时为无人机安排配送任务。

② 自助快递柜实时向调度中心发送收件派件信息，区域调度中心实时更新快件投送表。

③ 通过区域调度中心更新的快件投送表来区分快件的优先级以及快件的目的地和其所在位置信息。

④ 选择合适优先级快件任务的无人机进行执行。

⑤ 区域调度中心向合适的无人机发送快件目的地和所在快递柜位置。

⑥ 无人机到达快件所在的快递柜时向快递柜发送请求降落信号。

⑦ 利用无人机自身的 GPS 定位系统精确地使无人机着陆和装卸货物。

⑧ 无人机装卸完成后向区域调度中心发送快件到位信息。

⑨ 无人机完成此任务后，如果有其他任务将继续执行，如果没有其他任务，无人机将自动飞往自助快递柜提供的临时停机位置。

⑩ 快递柜在快件入柜时会向用户发送手机短信，提醒用户收货。

⑪ 如果用户超过快递柜限制的取货时间或长时间未取货，货物将按照无人机查收的方式回收至附近的快递集散中心储存。

无人机物流典型事例

三、任务总结

无人机物流尚在发展阶段,有其独特的优势,但也存在一些问题,如初始投资成本较高、电池续航时间短和载重有限、有效载荷较低、容易受天气影响以及国家监管严格等,所以无人机物流发展任重而道远。目前,成功应用无人机送快件的公司有顺丰、京东、亚马逊、沃尔玛、兰德智库等。

任务 9.4　无人机航测

一、任务导入

无人机与机载传感器相结合形成的基于无人机平台的数字航测技术是航空遥感领域一个新的发展方向,是传统卫星遥感测绘、有人飞机航空遥感测绘和传统人工测绘的有效补充。

二、任务实施

知识点 1:无人机航测

无人机航测又称无人机航空遥感摄影测量,是通过无人机搭载遥感设备,实时获取目标区域的地理空间信息,快速完成遥感数据处理、测量成图、环境建模与分析应用的航空遥感摄影测量手段,无人机航测如图 9-9 所示。

图 9-9　无人机航测

知识点 2:无人机航测系统

无人机航测系统由无人机系统、任务载荷系统、数据处理系统组成。

1. 无人机系统

无人机系统主要包括无人机、地面控制站、卫星通信导航系统等,最常使用的无人机类型为固定翼无人机和垂直起降固定翼无人机,在有些情况下也会使用多旋翼无人机和无人机直升机。

2. 任务载荷系统

任务载荷系统主要由倾斜摄影相机、光学传感器、红外扫描仪、机载激光雷达等组成。

3. 数据处理系统

无人机航测数据包括视频数据和影像数据。视频数据主要用来对飞行区域进行简单显示，数据处理相对较少，在特殊应用中仅需进行简单处理。航测影像数据具有像幅小、畸变大、GPS 定位精度低、重叠度大、分辨率高、数量多等特点，所以处理起来较复杂，需要专业的软件来进行处理。

知识点 3：无人机航测作业流程

① 判断天气条件。出发航拍之前，要掌握当日天气情况，并观察云层厚度、光照和空气能见度等。

② 确定天气状况、云层分布情况适合航拍后，带上无人机、弹射架、电台、电脑等相关设备赶赴航拍起飞点。起飞点通常要事先进行考察，要求现场比较平坦，无电线，高层建筑等，并提前确定好航拍架次及顺序。

③ 测定现场风速。到达现场后，测定风速。

④ 架设弹射架。为保证飞机起飞平稳，弹射架一般逆风架起。

⑤ 架设电台。电台用于地面控制站和无人机之间的通信。现阶段大多数测绘无人机都使用电台的方式进行无机与地面控制站的数据交换。

⑥ 记录作业日志。记录当天风速、天气、起降坐标等信息，留备日后数据参考和分析总结。

⑦ 姿态角度调整。对于距离上一次起飞地点超过 200 km 的起飞地点，须对无人机姿态、角度进行调整，以确保无人机准确通信。无人机机体内配备有电子罗盘、磁校准等设备来确保飞机在飞行过程中的姿态控制，由于各地地磁情况不一，华测 P700E 自带校准系统用来应对各地不同地磁情况对无人机的干扰。

⑧ 将无人机放至弹射架。放置前需检查无人机各部件是否连接紧密，弹射架供电接线是否正确连接、电力是否充足。

⑨ 手动遥控测试。将飞行模式调至手动遥控飞行状态，测试机头、机身、尾翼是否能按指令操作。手动遥控模式主要用于无人机起飞和降落时遇特殊情况时的应急处理。

⑩ 起飞前准备。起飞前要检查航拍相机与飞控系统是否连接，降落伞要处于待命状态并与风向平行，航拍地点有无人员车辆走动等。

⑪ 无人机起飞。各项准备工作完毕后，就可以起飞了。这时，操控手应持手动操控杆待命，观察现场状况，根据需要随时手动调整飞机姿态及飞行高度。

⑫ 飞行监测。飞行监测过程主要做三方面工作：

a. 对航高、航速、飞行轨迹的监测；

b. 对发动机转速和空速、地速进行监控；

c. 随时检查照片拍摄数量；

⑬ 无人机降落。无人机按设定路线飞行航拍完毕后，降落在指定地点。手动遥控操控手到指定地点待命，在降落现场突发大风或有人员走动等情况时及时调整降落地点。

⑭ 数据导出检查。降落后，对照片数据及无人机整体进行检查评估，结合贴线率和姿态角判断是否复飞，继续完成附近区域的航拍任务或转场，理论上一个起降点的飞行控制范围为 300 km²。

三、任务总结

全国范围内,无人机遥感技术多次应用于农村土地确权工作,技术已经相对成熟,不仅测量精度远优于传统测量方式,而且工作耗时大大缩短,减轻了农村基层管理人员的工作量,节约了人力物力。测绘无人机正以高机动性、高性价比以及高安全性服务于社会发展的各个环节。

任务 9.5 其他民用领域的应用

一、任务导入

通过实施"无人机＋"计划,无人机与传统职业跨界融合,使无人机开拓了全新的产业民用发展新局面。除在上述领域被广泛应用外,在其他领域也有所涉及。

二、任务实施

知识点 1:新闻采集与报道

无人机为新闻采集、新闻报道工作带来了诸多便利,极大地保证了新闻采集的有效性和全面性,具体表现如下:

① 提高新闻时效,节约成本。

以往电视新闻航拍镜头主要借助直升机搭载摄像头来拍摄,其费用高、人力消耗大。而专业级航拍无人机,性价比较高,只要操控手具有合法航拍的资质,一个人、一台车、一架无人机即能快速到达新闻现场。如《航拍中国》第一季的拍摄,就动用了 16 架载人直升机和 57 架无人机,总行程达 15 万千米,相当于绕赤道 4 圈,这次拍摄虽然以载人直升机为主,无人机为辅,但无人机绝对做出了重大贡献。

② 适应性强,可代替记者深入新闻现场。

无人机在恶劣环境下的作业能力尤为突出,如 2015 年 8 月 12 日天津滨海新区爆炸发生后,记者是通过操控无人机进入爆炸核心区域拍摄爆炸现场的新闻视频和图片的,这样既保证了自身安全,也高质量地完成了拍摄任务,实现了"双赢",如图 9-10 所示。

③ 提升新闻的真实性,为新闻创作提供空间。

无人机从"上帝视角"进行拍摄,可以弥补传统新闻画面中俯瞰视角缺失的遗憾,为观众还原一个更加真实的新闻现场,还可带来不同的视觉冲击。

④ 适应媒体融合趋势,提高传播效率。

无人机新技术加入新媒体矩阵系统,会大幅度提高媒体传播效率。

知识点 2:无人机培训教育

任何一个行业的进步与发展,都与教育息息相关。2019 年年初,中华人民共和国人力资源和社会保障部发布的 15 项新职业中,就包含无人机驾驶员,此后便迎来无人机培训教育热潮。教育市场将迎来对"无人机驾驶员"教师、"无人机驾驶员"的大量需求。也就是学员完成培训课程,获得无人机驾驶员执照后,除了可担任无人机飞手外,还可以从事教员、无人机比赛讲解员、裁判、工程师等职业。无人机将正式进入社会不同层次的教育系统。如图 9-11 所示

图 9 - 10　无人机航拍爆照现场图

为远洋航空教育培训机构。

图 9 - 11　无人机培训教育机构

知识点 3：无人机消防

将无人机应用于消防领域,可以有效实施消防预警和现场侦测,并可迅速、准确处置灾情等。

1．林区巡护

无人机系统根据航路规划或地面指令,控制无人机按照预设的航路飞行,同时使用机载可见光摄像机和红外热像仪对所要监控的林区做大面积的扫描、录像、拍照及巡查,实时获取重点区域的图像信息并传回地面控制站。

2．火场侦察

无人机搭载任务载荷执行火场侦查任务,获取火灾损毁评估实时图像,可对重点区域获取非常详细的图像数据;对可疑点或区域,地面人员通过遥控指令可改变无人机飞行航线及飞行高度进行详查,详查图像通过无线电路传回地面控制站,第一时间提供火场地理坐标、着火面积、火场蔓延趋势等火场态势信息。无人机配备红外探测任务设备,在着火地区进行红外探测时,红外探测设备可穿透烟雾敏感到地表的温度情况,获取火场区域完整的地面温度分布状态图像,可使指挥部及时了火情,及时调配地面人员对火场区域进行扑救。

3. 人工增雨

无人机系统可用于人工增雨,无人机具有使用简便、机动性好、便于投放、无人员安全风险等特点,特别适合森林防火作业中的人工增雨,无人机增雨如图9-12所示。

图9-12 无人机增雨

知识点4:无人机公安安保

在公安安保工作中,无人机在保障警察人身安全的情况下,可以打击不法分子以保障公共安全。

1. 喊 话

在一些突发事件或情况复杂的事件中,不能使用正常的宣传工具与群众进行沟通时,无人机可搭载喊话模块,第一时间赶至现场,传导正确的舆论导向,及时控制局面。

2. 实时监控

无人机搭载多倍高清摄像头,可多角度、大范围地进行现场观察,跟踪事件发展态势,将现场情况传送至指挥中心,为指挥者制定有效行动方案提供现实依据。

3. 抛投防控设备

当大型群体骚乱事件出现时,无人机可搭载抛投设备,向混乱的人群发送传单,传递有效信息,引导群众恢复秩序;当骚乱升级,人群失去理智,威胁自身及周围人人身安全时,也可以投放烟幕弹、催泪弹等,驱散人群,降低公民人身财产安全损失。

4. 通信中继

不法分子选择高楼林立或者浓密山林等信号盲区躲藏时,无人机可搭载数据传输链路做通信中继,提供不间断的信号连接,实时将警情传回地面控制站,保障指挥系统正常运转,正确部署作战方案。

三、任务总结

近年来,随着无人机技术的不断进步、无人机大范围应用需求以及国家政策对无人机技术的支持,使得无人机市场价值呈现高速增长态势,无人机也正在多方面影响着世界及人类的生活方式。

【知识点总结】

本单元知识点思维导图如图9-13所示。

图 9 - 13 知识点思维导图

单元测试

学完本单元后,请同学们完成下表内容,并由教师给出综合评价。

班 级		姓 名		学 号		日 期	
一、相关知识 1. 自行收集国内五家无人机企业的产品及适用哪个行业应用。 2. 简述航拍无人机应用领域当前情况,并阐述自己的见解。 3. 分组讨论民用无人机的现状及未来发展方向。 4. 讨论分享未来你想从事无人机哪种应用行业,为什么? 二、评价反馈 1. 自我评价 2. 学生建议 							
成绩评定				教 师			

第 10 单元　无人机操控系统

【描　述】

本单元主要围绕"无人机操控系统"展开探讨,主要介绍无人机模拟飞行和实际飞行两方面相关的内容。对模拟器软件与硬件,旋翼无人机、固定翼无人机模拟飞行基础及提升训练进行介绍,为无人机实操飞行训练打下良好的基础。

【学习目标】

➢ 掌握遥控器的构造及操作方式。
➢ 了解地面站软件航线规划内容及流程。
➢ 掌握无人机模拟飞行内容及技能。
➢ 掌握无人机飞行操控要点及技能。

任务 10.1　无人机飞行操控的类型

一、任务导入

无人机飞行操控主要包括遥控器控制、自主控制和组合控制三种,其内容包括航线规划、修改、变更,飞行状态的监控,指令控制,遥控飞行,辅助起降等。

二、任务实施

知识点 1:遥控器控制

遥控器控制是通过数据链路对无人机实施飞行操控,一般包括舵面遥控、姿态遥控和指令控制。遥控器控制是无人机在视距内飞行的主要控制方式。

1. 舵面遥控

舵面遥控是由遥控器的操纵杆直接控制无人机的舵机,从而遥控无人机的飞行。舵面遥控是最简单和最原始的控制方式,一般在视距内对无人机进行操控。

2. 姿态遥控

姿态遥控是指在无人机具有姿态稳定控制机构的基础上,通过遥控器控制无人机的滚转和俯仰,从而连续控制无人机的运动。一般在视距内或通过仪表视距外的无人机的飞行采用这种控制方式。

3. 指令控制

指令控制是指在无人机具有机载自动驾驶仪的基础上,通过上行链路发送指令,机载计算机接收到指令后按预订的控制方式执行任务。

知识点 2：自主控制

自主控制是无人机不需要人工参与，处于自动驾驶状态，通过机载飞行管理与控制系统完成起飞、飞行、执行任务及返航着陆的自主控制。此时操作人员的主要任务是监控无人机系统是否正常、无人机是否按照预设航线飞行等。自主飞行是无人机最为常见的飞行模式。

知识点 3：组合控制

组合控制介于自主控制和遥控器之间，是在自主控制飞行的基础上，通过遥控器在无人机的控制外回路施加一定的偏移量，尤其在自动起飞、着陆过程中，对导航偏差和外界干扰进行人工干预的一种控制模式。

三、任务总结

对于无人机而言，不管哪一种飞行操控模式，其控制权都是在飞行操控人员手中，故操控人员的技术水平和其所做的飞行操控准确与否直接影响无人机应用效果的发挥。

任务 10.2　无人机遥控器操控

一、任务导入

无人机采用遥控器操控时，遥控器就相当于无人机的"大脑"，对无人机直接发出指令，实时控制无人机。

二、任务实施

知识点 1：遥控器的面板

遥控器也称发射机，是通过无线电控制系统对无人机发送飞行指令的装置。遥控器主要由内置电路、天线、LED 显示屏、操纵杆、开关键、旋钮、电源开关等部分组成，如图 10 - 1 所示。

无人机遥控器生产厂家颇多，各厂家对遥控器的使用设置方式也略有不同。遥控器的常用设置有新建模型、模型设置、行程量校准、失控保护、油门熄火、中立点微调、选择发射制式、与接收机对频等，具体还应参考产品说明书。

知识点 2：遥控器的通道

目前，遥控器主流频率是 2.4 GHz，通常最少需要 4 个以上的通道，这 4 个基本的通道分别是副翼通道、升降通道、油门通道、方向通道，各通道对应的作用如表 10 - 1 所列。

表 10 - 1　各通道的作用

序　号	名　称	主要作用
第 1 通道	副翼通道	改变副翼舵面倾转角，控制无人机向左、向右倾斜，实现无人机左右平移；用来控制和改变多旋翼无人机机身横滚方向的姿态变化
第 2 通道	升降通道	用来控制固定翼无人机的水平尾翼，使机身仰头和低头，从而上升和下降；用来控制多旋翼无人机机身前进与后退

序 号	名 称	主要作用
第 3 通道	油门通道	改变电机转速,控制无人机桨叶速度,实现无人机上升和下降
第 4 通道	方向通道	改变方向舵倾转角,控制无人机机头向左、向右转动,实现无人机的偏航

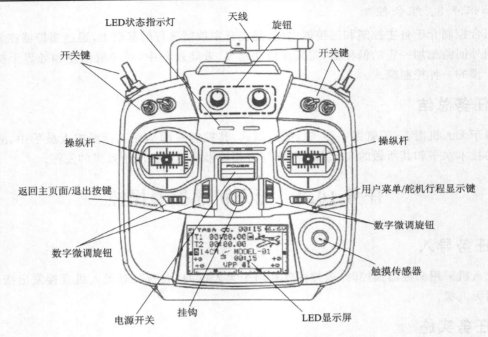

图 10 - 1　遥控器面板示意图

遥控器的通道可以控制无人机的信号,遥控器的每一个通道发出的信号对应着无人机机载接收机的各接收信号端,这些信号传递的是各通道的控制数据,这些控制数据可以将操纵杆产生的角度准确地等比例地传递到飞控、舵机或电调上,实现对无人机姿态的控制。

知识点3:操纵杆的基本作用

遥控器控制无人机飞行主要是通过两根操纵杆(摇杆),每个摇杆对应前后和左右两个方向上的控制通道,即两个摇杆对应油门、方向、升降和副翼4个控制通道。

操纵杆常用的操控模式有美国手操控模式和日本手操控模式,不常见的有反美国手操控模式(又称中国手操控模式)和反日本手操控模式。下面对常用的两种操控模式做具体介绍。

遥控器的使用
注意事项

1. 美国手操控模式

美国手操控模式是左手摇杆在竖直方向为油门控制、水平方向为航向控制;右手摇杆在竖直方向为升降舵控制,水平方向为副翼舵控制的控制模式,如图10 - 2所示。

2. 日本手操控模式

日本手操控模式是左手摇杆在竖直方向为升降舵控制、水平方向为航向控制;右手摇杆在竖直方向油门控制,水平方向为副翼舵控制的控制模式,如图10 - 3所示。

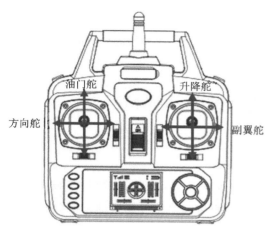

图 10 - 2　美国手操控模式遥控器

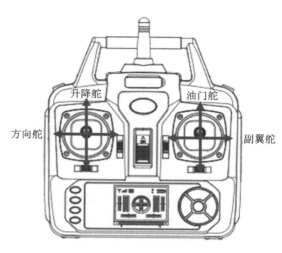

图 10 - 3　日本手操控模式遥控器

美国手操控模式与日本手操控模式的区别在于遥控器的摇杆对应的控制通道不同,遥控器上油门的位置在右边是日本手操控模式、在左边是美国手操控模式。对于美国手操控模式和日本手操控模式在操作方式上并没有太大区别,只是因个人习惯而异。对于多旋翼无人机的飞行,建议采用操作更加直观、上手更快的美国手操控模式。对于固定翼无人机的飞行,建议采用操作更加细腻、更加精准的日本手操控模式。

知识点 4:遥控器的操纵方式

遥控器常用操纵方式有捏杆式和压杆式两种。

1. 捏杆式操纵方式

捏杆式操纵方式是拇指指肚按在摇杆上,食指指肚放在摇杆侧面,如图 10 - 4 所示。此种操纵方式中食指就像弹簧一样,缓冲拇指带动摇杆的运动,让控制更加细腻、更容易掌握,这种操纵方式适合刚开始飞行的新手。

2. 压杆式操纵方式

压杆式操纵方式是大拇指直接按在摇杆上部,如图 10 - 5 所示。此种操纵方式由于拇指没有限位,所以要想很好地操纵无人机需要精准的打杆量,如果拇指带动摇杆运动的幅度偏大,无人机的姿态反应就会比较大,故操控人员需要长期练习,感受不同杆位的阻力力矩,才能很好地掌控无人机。

图 10 - 4　捏杆式操纵方式

图 10 - 5　压杆式操纵方式

三、任务总结

目前,市场上比较常见的进口品牌遥控器有 Futaba、Sanwa、JR 等,国产品牌遥控器有乐迪、天地飞、富斯等。通常来讲,遥控器通道越多,价格越高。

任务 10.3　无人机地面控制站操控

一、任务导入

随着微机电技术的发展,地面控制站已成为一个包括地面 PC、遥控器、数传等硬件设备,功能更加强大的复合型地面控制站。无人机地面控制站的功能主要有实时通信、数据储存与分析、地图定位以及任务规划和管理等。

二、任务实施

知识点 1:任务规划

任务规划从接到任务开始,根据任务作业范围选取几个作业航迹点,对这些航迹点进行检验和调整,使之满足作业条件;然后选用优化准则,由计算机辅助生成飞行航线;再用检验准则检查航线上的每个点,如果全部满足条件,则是一条可执行的航线。

任务规划一般分为预先规划和实时规划。预先规划就是在执行任务前,在地面控制站上设计谋求全局最优的飞行航迹;实时规划就是在飞行过程中由于环境变化或出现飞行威胁情况时需要做的规划。

任务规划的流程主要由接收任务、任务理解、环境评估、任务分配、航迹规划、航迹优化、生成计划等部分组成,如图 10-6 所示。

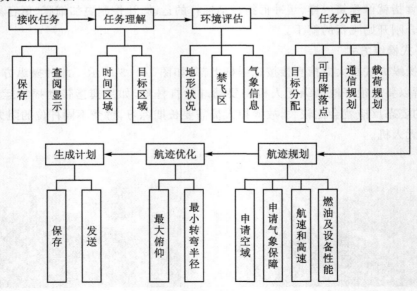

图 10-6　任务规划流程图

1．接收任务

接收任务是整个任务的开始，接收到上级下发的任务后，首先对任务进行保存、进行查阅和显示。

2．任务理解

任务理解是接收到任务后，进行任务分析的过程。首先分析任务执行的地理区域、时间区域，再分析任务所包含的目标航点数，各个航点的位置、重要程度等情况。

3．环境评估

环境评估就是根据任务涉及的区域查询并显示地形情况、禁飞区和障碍物分布情况及气象信息，为航迹规划提供环境情况。

4．任务分配

任务分配包括提供可用的无人机资源和着陆点显示，辅助操作人员进行载荷规划、通信规划、目标分配等。载荷规划是根据任务的需要携带作业任务设备的过程；通信规划是在执行任务过程中需要在不同环境和距离下的通信任务的制定过程；目标分配包括执行任务过程中实现动作的时间点、方式、方法，设定航点时间节点、飞行高度、航速、飞行姿态以及配合载荷设备的工作状态与工作模式。

5．航迹规划

航迹规划是指在任务分配的基础上，根据环境的变化情况、无人机航速、飞行高度、燃油量和设备性能制定飞行航迹，并申请通信保障和气象保障等工作。

6．航迹优化

航迹优化是根据无人机飞行的最小转弯半径和最大俯仰角对航迹进行优化处理，制定适合作业无人机飞行的航迹的过程。

7．生成计划

生成计划是任务规划的最后一步，重新与任务要求对照一遍，确保无误后保存并上传到无人机的飞控系统上。

知识点 2：数据监控

数据监控是指当地面控制站与无人机连接后，地面控制站上显示无人机的当前状态、飞行数据等信息的操作，以大疆地面控制站软件为例，当数传电台与无人机连接后，主画面如图 10－7 所示。

主画面可以显示出当前飞行模式、当前航路点距离、高度表、电池状态、空速、航向、数据链接状态等监控信息。

知识点 3：航迹规划

无人机航迹规划是任务规划的核心内容，需要综合应用导航技术、地理信息技术以及远程感知技术，以获得全面详细的无人机飞行现状以及环境信息，结合无人机自身技术指标特点，按照一定的航迹规划方法，制定最优或次优路径。

航线规划一般分两步：第一步是飞行前预规划，即根据既定任务，结合环境限制与飞行约束条件，从整体上制定最优参考路径并装订特殊任务；第二步是飞行过程中的重新规划，即根据飞行过程中遇到的突发状况，如地形、气象变化、未知限飞区域或禁飞因素等，局部动态的调整飞行路径或改变动作任务。

图 10-7　大疆地面控制站软件主画面

　　航迹规划的内容包括出发地点、途经地点、目的地位置信息、飞行高度、飞行速度和需要到达的时间段。

　　以大疆地面控制站为例来介绍航迹规划的方法,当无人机启动自主控制飞行模式时,航迹规划及动作操作分以下几个部分。

1. 编辑飞行任务

　　飞行任务的编辑是整个航迹规划的第一步,需要在任务栏中新建一个任务,然后对航点进行设置,航点的设置是在地图上添加航点,并对航点的高度、飞行角度等基本参数进行设置;另外根据任务要求还需对航点进行高级参数设置,如海拔高度、转弯模式、飞行速度、在此航点的悬停时间等;最后检查航线设置,如果有设置错误的航点则进行航点设置删除,在完成航线设置后保存并加载任务,如图 10-8 所示。

图 10-8　编辑飞行任务

2. 上传飞行任务

检查航线设置的参数,将航线参数上传到主控制器上,上传完成后会有任务预览的过程,最后检查。完成最后检查后,将航线信息上传的到开始执行的任务中,如图 10 - 9 所示。

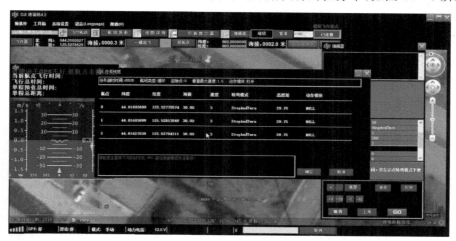

图 10 - 9　上传飞行任务

3. 无人机起飞

在完成编辑飞行任务和上传飞行任务步骤之后,使用 GPS 巡航模式、姿态模式、手动模式 3 种起飞模式中的 1 种模式起飞无人机即可。

4. 切换飞行模式

切换到遥控器上的任何一种飞行模式,只有在切换之后,地面控制站才能控制飞行器。一般只有在 GPS 星数满足要求的情况下才能切换。

5. 执行航线任务

开始执行航线时,飞行器会按照飞行任务中所设置的航线自主飞行。在任务执行期间,仍然可以通过编辑区域重新编辑任务。在任务编辑器中单击编辑,任务编辑器将返回到第一步编辑飞行任务所描述的状态中。在任务执行之后,可以通过单击暂停任务,使飞行器缓慢减速并稳定地悬停在空中,再单击继续,飞行器将重新开始执行未完成的任务。

地面站软件

三、任务总结

在无人机消费领域,以智能手机为主的移动端地面控制系统成为主流,可以把智能手机归入地面控制站系统,同时智能手机具有信号覆盖范围广,携带方便和 APP 的多样性、灵活性等特点也使它成为消费级无人机地面控制站的不二之选。

任务 10.4　无人机模拟飞行

一、任务导入

无人机模拟飞行可以让新手对无人机操控进行首次体验。无人机模拟飞行主要通过模拟器与模拟飞行软件的配合,使操控员实现对旋翼机、固定翼、直升机、穿越机、特技机等机型的模拟飞行体验,从而在头脑里形成初步的操控意识,体验无人机飞行的感觉。

二、任务实施

知识点 1:飞行遥控模拟器

飞行遥控模拟器在模拟飞行中用来操纵无人机,其外形和手感与遥控器相似。飞行遥控模拟器一般采用两种,一种是直接带有 USB 接口的模拟器,如 SM - 600 模拟器,如图 10 - 10 所示,这种模拟器只能用来连接电脑而无法通过对频遥控实体无人机,价格也相对便宜。另一种是既可以遥控实体无人机,又能通过转接线连接电脑对模拟器进行控制的模拟器,这种遥控模拟器本身没有 USB 接口,要通过一根转接线和加密狗来连接电脑实现模拟器的操控,价格从几百到几千块钱不等,成本相对较高,常见的有:天地飞、Futaba 等,如图 10 - 11 和图 10 - 12 所示。

图 10 - 10　SM - 600 模拟器

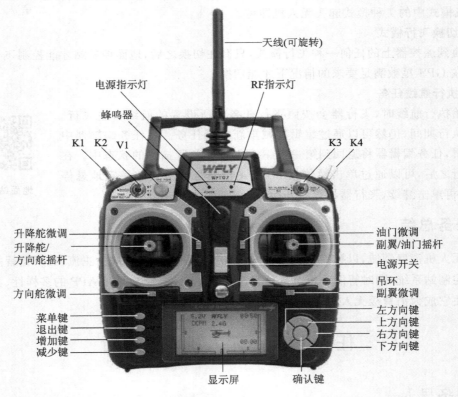

图 10 - 11　天地飞 7

图 10 - 12　Futaba14sg

知识点 2：模拟飞行软件

模拟飞行软件种类颇多，不同软件对应着不同的模拟器。初学者可以使用凤凰 PhoenixRC 飞行软件搭配 SM600 模拟器进行模拟飞行，凤凰 PhoenixRC 模拟飞行软件界面如图 10 - 13 所示。

图 10 - 13　凤凰 PhoenixRC 界面

三、任务总结

在模拟飞行软件中可以模拟无人机在多种天气情况下的各种飞行，如起飞、悬停、水平飞行、降落等。通过模拟飞行，同学们可以熟悉无人机操作原理、飞行规范以及掌握扎实的飞行技能，为后续实操做好准备。

任务 10.5 无人机操控飞行

一、任务导入

本任务主要介绍多旋翼无人机的飞行操控,其飞行训练大致分为两个阶段:基本训练阶段和提升训练阶段。基本训练阶段包括多旋翼无人机起降训练、四面悬停训练、定高水平飞行训练、方向控制训练;提升训练阶段包括360°匀速水平悬停训练、匀速矩形航线训练、匀速圆形航线训练、匀速水平8字训练。

二、任务实施

知识点 1:基本训练

每架多旋翼无人机的基本训练场地至少需要 10 m²,且彼此要隔开,训练场地要远离建筑物、干扰源等,并且须设置警戒线和警示标牌。

1. 多旋翼无人机起降训练

多旋翼无人机起降训练要求操控人员确认飞行环境是否允许,并且保证所有人员距离无人机有一个 5 米以上的安全距离,多旋翼无人机起降训练如图 10 - 14 所示。

多旋翼无人机起降训练操作流程及注意事项如下:

① 确保无人机一切正常且机头朝向与操控者朝向一致,进行对无人机解锁操作,听到提示音或者电机开始启动声,表示解锁成功,并将各摇杆归位。

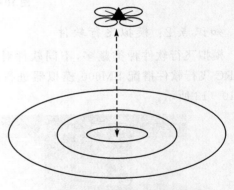

图 10 - 14 多旋翼无人机起降训练

② 将油门杆从正下方位置进行缓缓上推,并时刻观察无人机的状态。观察无人机即将离开地面时,无人机达到的临界起飞速度。继续缓慢上推油门杆,此时无人机离开地面,右手稳定无人机各方向姿态,使其进入水平稳定状态。

③ 待无人机飞行高度达到与自己视线持平的高度时,稍减小油门,使无人机进入悬停状态,起飞训练完成。

④ 将无人机飞至降落点正上方并使其进入悬停状态,然后缓缓减小油门,使无人机进入缓慢下降状态后,停止对油门杆的减小。

⑤ 待无人机高度距离地面高度小于半个螺旋桨的大小时,无人机进入地面效应,升力会略微增大,使无人机有上升的趋势。此时须调整无人机航向及位置,并再次矫正无人机待降地点。

⑥ 继续稍减小油门,使无人机继续下降直至触地,然后迅速将油门收至最小位置。待螺旋桨停转后,进行上锁操作,此时无人机降落完成。

2. 多旋翼无人机四面悬停训练

多旋翼无人机四面悬停训练需要选取路锥为参照物,并且路锥要与起飞点有一定的距离,具体飞行过程如图 10 - 15 所示。

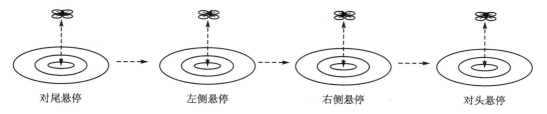

图 10 - 15　多旋翼无人机四面悬停训练

多旋翼无人机四面悬停训练具体操作如下：

① 执行完起飞操作后,将无人机处以视线斜上方,距离路锥合适高度即可,保持无人机对尾悬停。

② 将无人机飞至路锥正上方,保持高度,向左微打方向舵,使无人机机头匀速向左转,到达左侧正对操控者时,将副翼舵与升降舵配合使用来控制无人机悬停。

③ 将无人机飞至路锥正上方,保持高度,继续向左微打方向舵,当机头正对操控者时,将副翼舵与升降舵配合使用来控制无人机悬停。

④ 将无人机飞至路锥正上方,保持高度,继续向左微打方向舵,当无人机右侧正对操控者时,将副翼舵与升降舵配合使用来控制无人机悬停。

⑤ 最后转成对尾悬停,将副翼摇杆和升降摇杆相互配合使用,并执行降落操作。

3. 多旋翼无人机水平定高飞行训练

多旋翼无人机水平定高飞行训练具体操作如下：

① 执行完起飞操作后,将无人机处以视线斜上方,距离路锥合适高度即可,保持无人机对尾悬停。

② 操控副翼摇杆,使无人机在一定范围内进行匀速定高左右水平飞行,并尝试不同舵量下无人机的飞行速度,并能实现快速悬停在路锥正上方。

③ 操控升降摇杆,使无人机在一定范围内进行匀速定高前后水平飞行,并尝试不同舵量下无人机的飞行速度,并能实现快速悬停在路锥正上方。

④ 将副翼摇杆和升降摇杆相互配合使用,执行降落操作。

4. 多旋翼无人机方向控制训练

多旋翼无人机左转向训练示意图如图 10 - 16 所示,具体操作如下：

① 执行完起飞操作后,无人机将处以视线斜上方,距离路锥合适高度即可,保持无人机对尾悬停。

② 操控航向摇杆左偏移一定量,使无人机在一定范围内进行向左匀速旋转,当无人机左侧面正对操控者时,使无人机进入悬停的状态,继续执行水平定高飞行训练。

③ 操控航向摇杆左偏移一定量,使无人机在一定范围内进行向左水平匀速旋转,当无人机机头正对操控者时,使无人机进入悬停的状态,继续执行水平定高飞行训练。

④ 操控航向摇杆左偏移一定量,使无人机在一定范围内进行向左水平匀速旋转,当无人机右侧面正对操控者时,使无人机进入悬停的状态,继续执行水平定高飞行训练。

⑤ 将无人机转成对尾悬停状态,副翼摇杆和升降摇杆相互配合操作,重复上述步骤,练习向右转向并执行降落操作。

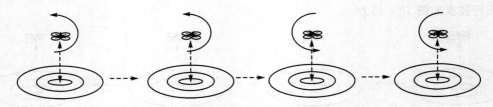

图 10-16　多旋翼无人机左转向训练示意图

知识点 2：提升训练

1. 360°匀速水平悬停训练

多旋翼无人机 360°匀速水平悬停训练示意图如图 10-17 所示，具体操作如下：

① 执行完成起飞操作，将处以视线斜上方，无人机距离路锥合适高度即可，保持无人机对尾悬停。

② 保持当前高度，操控航向摇杆，使无人机在路锥正上方向左水平匀速持续旋转，副翼摇杆和升降摇杆相互配合，使无人机不要偏离路锥正上方半个机架距离，速度不宜过快，旋转一周用时大于 8 s 以上。完成后使无人机进入对尾悬停状态。

③ 保持当前高度，操控航向摇杆，使无人机在路锥正上方向右水平匀速持续旋转，副翼摇杆和升降摇杆相互配合，使无人机不要偏离路锥正上方半个机架距离，速度不宜过快，旋转一周用时大于 8 s 以上。完成后使无人机进入对尾悬停状态。

④ 将副翼摇杆和升降摇杆相互配合，并执行降落操作。

2. 多旋翼无人机匀速矩形航线训练

多旋翼无人机匀速矩形航线训练是指操控无人机沿矩形航线飞行，并要求无人机在路锥正上方旋转 90°方向且机头始终朝向下一个路锥，执行飞行完后飞回起飞点的训练，示意图如图 10-18 所示，具体操作如下：

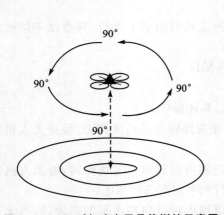

图 10-17　360°匀速水平悬停训练示意图

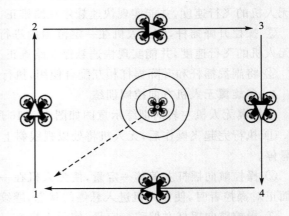

图 10-18　多旋翼匀速矩形航线训练示意图

① 执行完起飞操作后，将无人机飞至航线第 1 点并保持无人机对尾悬停。

② 保持当前高度，操控升降摇杆，使无人机沿直线向前飞，同时用副翼舵配合控制无人机左右位置，飞至航线第 2 点上空悬停并将机头沿顺时针方向旋转 90°，然后继续执行沿航线飞行操作。

③ 将无人机飞至航线第 3 点后继续执行上述操作,飞至航线第 4 点后将飞往航线第 1 点,此时顺时针矩形航线完成。再将无人机飞至航线第 4 点,准备矩形航线逆时针飞行训练。

④ 保持当前高度,操控升降摇杆,使无人机沿直线向前飞,同时用副翼舵配合控制无人机左右位置,无人机从航线第 4 点开始,将飞至航线第 3 点上空悬停并将机头沿逆针方向旋转 90°,然后继续执行沿航线飞行操作,重复上述步骤,直至无人机飞回航线第 4 点。

⑤ 将副翼摇杆和升降摇杆相互配合使用,执行降落操作。

3. 多旋翼无人机匀速水平 8 字训练

多旋翼无人机匀速水平 8 字训练是一种控制无人机沿两个同等大小横向相切的圆形航线匀速飞行的训练,要求高度保持一定且匀速飞行,机头始终与航线保持一致且机身不能偏离航线半个机身距离,训练示意图如图 10-19 所示,具体操作如下:

① 执行完起飞操作后,将无人机飞至航线第 1 点并保持无人机对尾悬停。

② 保持当前高度,操控升降摇杆且微打左航向舵,同时副翼舵配合控制飞行位置,使无人机执行边前飞边左转的动作,保证无人机始终沿圆弧形航线匀速飞行,在到达航线第 2 点时,机身左侧朝向操控者,继续推升降摇杆同时左打航向舵,此时副翼舵配合控制位置,使无人机继续执行边前飞边左转的动作,保证无人机始终沿圆弧形航线匀速飞行,在到达航线第 3 点时,机头朝向操纵者,重复上述步骤,当飞机飞至航线第 3 点时机身右侧朝向操纵者,同样操作飞回航线第 1 点。

③ 继续保持当前高度,操控升降摇杆且微打右航向舵,同时副翼舵配合控制飞行位置,使无人机执行边前飞边右转的动作,保证无人机始终沿圆弧形航线匀速飞行,在到达航线第 5 点时,机身右侧朝向操控者,继续推升降摇杆同时右打航向舵,同时副翼舵配合控制飞行位置,使无人机继续执行边前飞边右转的动作,保证无人机始终沿圆弧形航线匀速飞行,在到达航线第 6 点时,机头朝向操纵者,同样操作飞至航线第 7 点时,机身左侧朝向操控者,同样操作飞回航线第 1 点,完成匀速水平 8 字训练。

④ 将副翼摇杆和升降摇杆相互配合,并执行降落操作。

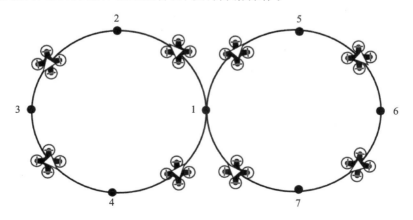

图 10-19　多旋翼匀速水平 8 字训练示意图

三、任务总结

多旋翼无人机飞行操控方法简单、入门容易,是目前商业级无人机最普遍的一种机型。无人机在空中飞行时,其操控的自由度较地面运动的设备来说要大,因为高速旋转的螺旋桨存在一定的危险性,所以在无人机飞行时,一定要系统地学习无人机的操控方法,减小设备损坏和人员损伤的概率。

【知识点总结】

本单元知识点思维导图如图 10－20 所示。

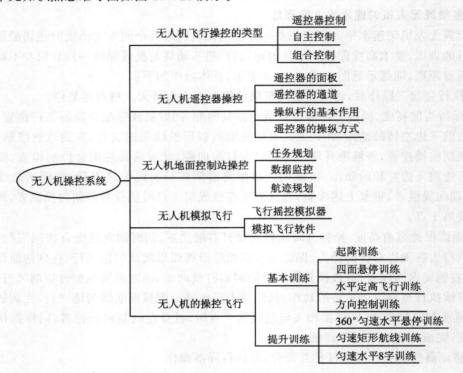

图 10－20　知识点思维导图

单元测试

学完本单元后,请同学们完成下表内容,并由教师给出综合评价。

班　级		姓　名		学　号		日　期	
一、相关知识 1.总结油门控制和副翼俯仰舵操作的差异性。 2.飞行训练:将无人机缓慢的做米字平移,即 A→A1,B→B1,C→C1,D→D1,如图(a)所示。 图(a)　　　　　　　　　　　　　图(b) 3.飞行训练:将无人机沿 A→A1,B→B1,C→C1 这三段做平移,其中 A 段飞机姿态是对左平移,B 段是对右平移,C 段是对头平移,每段平移都需要经过中心点 O,在每个端点处需要保持悬停 5 s,如图(b)所示。 二、评价反馈 1.自我评价 2.学生建议							
成绩评定			教　师				

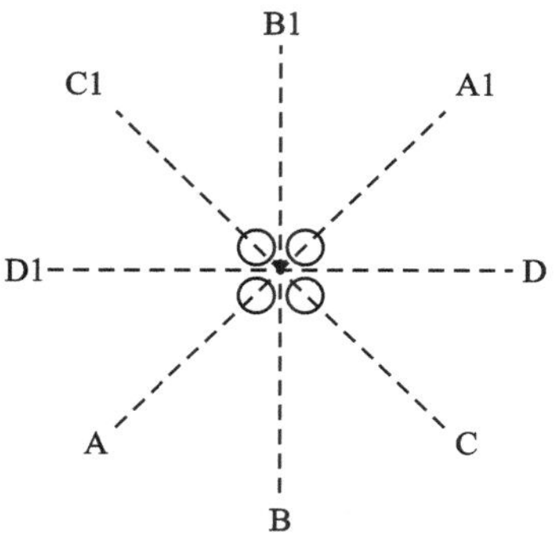

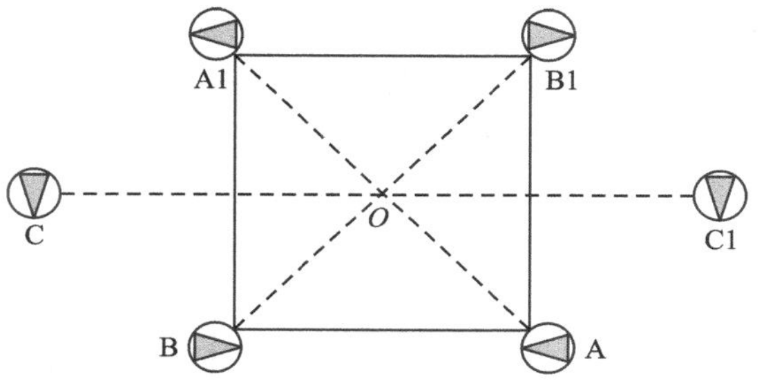

第 11 单元　无人机法律法规与飞行安全

【描　述】

本单元主要围绕"无人机法律法规及飞行安全"展开学习,无人机作为航空器家族的一个分支,其飞行安全管理及法律法规同样重要,且内容与其他航空器法律法规又有相通之处。同时,无人机作为一种无人驾驶的航空器,在安全冗余设计、生产、应用等方面又与其他航空器存在较大的差别,所以其飞行安全管理及法律法规又有特殊之处。

【学习目标】

➢ 了解中国无人机相关的法律法规。
➢ 了解无人机主要飞行管理机构。
➢ 掌握无人机飞行管理的内容及相关法规。
➢ 掌握无人机飞行计划申请及相关法规。
➢ 掌握无人机驾驶员执照考试内容及相关法规。

任务 11.1　中国无人机相关法律法规

一、任务导入

无人机作为一种新兴的高科技产业,其相关法律法规还相对滞后。但近几年随着无人机产业的快速崛起,国家也陆续出台了一系列监管文件和标准化文件,同时诸多法律法规文件也处于征求意见与试行阶段。

无人机黑飞事件

二、任务实施

知识点 1:中国无人机相关法规文件

目前,我国出台的无人机相关法规文件如表 11-1 所列。

表 11-1　中国无人机相关法规文件

文件名称	发文日期	备　注
《无人驾驶航空器飞行管理暂行条例(征求意见稿)》	2018.1.26	—
《轻小无人机运行规定(试行)》	2015.12.29	—
《民用无人机空中交通管理办法》	2009.6.26	废止
《民用无人驾驶航空器系统空中交通管理办法》	2016.9.21	—
《中南地区民用无人驾驶航空器系统空中交通管理评审规则(试行)》	2018.2.24	—

文件名称	发文日期	备注
《民用无人驾驶航空器系统驾驶员管理暂行规定》	2013.11.18	废止
《民用无人机驾驶员管理规定》	2016.7.11	—
《民用无人驾驶航空器实名制登记管理规定》	2017.5.16	—
《无人驾驶航空器系统标准体系建设指南(2017—2018 年版)》	2017.6.6	—
《无人机云系统接口数据规范》	2017.10.20	—

知识点 2：《无人驾驶航空器飞行管理暂行条例(征求意见稿)》

《无人驾驶航空器飞行管理暂行条例(征求意见稿)》文件内容介绍与简要解读如下：

1. 条例内容

《无人驾驶航空器飞行管理暂行条例(征求意见稿)》共分为总则、无人机系统、无人机驾驶员、飞行空域、飞行运行、法律责任和附则 7 个部分，各部分主要内容如下：

(1) 总　则

制定本条例的目的、管理对象、依据、原则、无人驾驶航空器定义和管理主体等。

(2) 无人机系统

无人机的分级分类标准：无人机分为两级、三类、五型。两级：按执行任务性质，将无人机分为国家和民用两级；三类：按飞行管理方式，将民用无人机分为开放类、有条件开放类和管控类；五型：按飞行安全风险，以重量为主要指标，结合高度、速度、无线电发射功率和空域保持能力等性能指标，将民用无人机分为微型、轻型、小型、中型和大型。

无人机系统的相关管理规定包括：无人机生产、销售、登记、商业活动、身份标识，无线电、第三者责任险、进出口和无人机反制等内容。

(3) 无人机驾驶员

无人机驾驶员的相关管理规定包括：无人机驾驶员年龄、培训、持证、身份和资质查验等内容。

(4) 飞行空域

无人机飞行空域的划设及管理规定包括：无人机飞行空域划设原则、微型无人机禁飞空域、轻型无人机管控空域、轻型无人机空域申请、隔离空域申请和使用等内容。

(5) 飞行运行

无人机飞行运行的相关管理规定包括：综合监管平台、飞行计划申请、飞行间隔、无人机避让、敏感区域飞行和飞行安全责任主体等内容。

(6) 法律责任

无人机法律责任的相关管理规定包括：违反适航管理规定、备案规定、实名登记规定、出入境规定、持证飞行规定和禁飞区飞行规定的处罚措施等。

(7) 附　则

本条例的相关法律法规包括：《中华人民共和国民用航空法》《中华人民共和国飞行基本规则》《通用航空飞行管制条例》《中华人民共和国无线电管理条例》及其他相关法律法规。

2. 条例解读

为实现对无人驾驶航空器的依法管理，国务院、中央军委空中交通管制委员会办公室(简称国家空管委）于 2018 年年初面向社会公开征求意见，组织起草了《无人驾驶航空器飞行管理暂行条例（征求意见稿）》。本条例的出台是为了规范无人驾驶航空器的飞行及相关活动，从而维护国家安全、公共安全、飞行安全，促进行业健康可持续发展。本条例明确了目前对无人机及相关系统的定义、分级以及无人机运行环境、驾驶人员、运行方式、法律责任等的相关要求，为无人机的运行提供了基本标准，本条例能够适用于目前大多数的无人机飞行任务。

本条例主要回答了下面几个问题。

（1）无人机到底如何分类

条例的管理对象覆盖各类无人机，包含民用、警用、军用等不同类别。条例明确规定，遥控驾驶航空器和自主航空器统称无人机。根据重量、速度等因素，无人机被分为五大类：微型、轻型、小型、中型、大型。细化分类的目的在于精细化管理，对小型产品加强监管，对普通群众最常使用的微型、轻型产品尽量放宽限制，管理兼顾开放。如条例中明确规定，中型、大型无人机应当进行适航管理。微型、轻型、小型无人机投放市场前，应当完成产品认证。销售除微型无人机以外的民用无人机的单位和个人应当向公安机关备案，并核实记录购买单位或个人的相关信息，定期向公安机关报备。

（2）无人机能在哪里飞，怎么飞

我国的空域均为管制类空域。条例充分尊重现有的空域管理特点，在维持整体制度不变的情况下，对 120 m、50 m 的安全高度进行了突破，向轻型无人机和微型无人机释放 120 m 以下和 50 m 以下的空域，在保障安全的前提下，满足了正常合理的飞行需求。

条例明确规定，除空中禁区、机场、军事禁区、危险区域等周边一定范围内，微型无人机无须批准可以在空中 50 m 以下空域飞行，轻型无人机可以在空中 120 m 以下空域飞行。

DJI 设置的
禁飞区

专家表示，民用无人机特别是微型与轻型无人机的操作准备时间普遍比较短，无固定起降点，飞行量巨大，应用较为广泛，传统通航式的管理早已不再适应当下的应用习惯。

（3）条例的优势

一方面通过明确管控空域以及管控空域飞行需求的申请与审批制度，保障基础安全；另一方面，释放出适飞空域，为群众与企业提供合法合规的飞行权利，为社会生产提供了效率与便利。条例为逐步进入自动化、智能化的科技社会做出了准备，是重要的管理方法的探索。

（4）安全如何监管

条例从运行风险、操作难度、使用目的、使用成本等问题出发，提出：

① 轻型无人机驾驶员应当年满 14 周岁，未满 14 周岁的应当有成年人现场监护；

② 小型无人机驾驶员应当年满 16 周岁；

③ 中型、大型无人机驾驶员应当年满 18 周岁；

④ 小型、中型、大型无人机的运行需要驾驶员取得安全操作执照；

⑤ 微型和轻型无人机在适飞空域飞行不需要持有合格证或执照，掌握运行守法要求和风险提示即可。

条例还明确指出，国家须统筹建立具备监视和必要管控功能的无人机综合监管平台，使民用无人机飞行动态信息与公安机关共享。公安部门建立民用无人机公共安全监管系统。业内人士表示，该规定一方面敦促用户掌握必备的理论知识与实操技术，以此提升无人机的安全运行率;另一方面大大减轻了普通娱乐消费者的培训成本。

三、任务总结

无人机发展既有广阔的前景也有无法回避的瓶颈,如无人机闯入军事禁地等黑飞事件时有发生,由此带来的安全隐患不容忽视,因此无人机相关法律法规的完善亟待解决。

任务 11.2　无人机主要飞行管理机构

一、任务导入

无人机飞行管理机构众多,有空管部门、民航部门、公安部门、工商部门、海关部门以及安全监管部门等。

二、任务实施

1. 空管部门

目前,我国的空管体系是"统一管制、分别指挥"。"统一管制"指的是在国务院、中央军委空中交通管制委员会的领导下,由空军负责实施全国的统一管制;"分别指挥"指的是军用飞机由空军和海军航空兵负责指挥,民用飞机和外航飞机由民航局负责指挥。

2. 民航部门

民航部门主要作用如下:

① 负责民航空中交通管理、民航机场建设及安全运行的监督管理;

② 承担民航飞行安全和地面安全监管、民航空防安全监管、航空运输和通用航空市场监管责任;

③ 起草相关的法律法规、规章、政策和标准,推进民航行业体制改革;

④ 拟定民用航空器事故及事故征候标准,按规定调查并处理民用航空器事故等。

3. 公安部门

公安部门主要作用如下:

① 负责对违法违规飞行的无人机单位或者个人进行查处;

② 组织协调重大活动期间无人机地面防范管控工作,配合相关部门对无人机飞行实施管理等。

4. 工商部门

工商部门负责对企业生产销售无人机进行登记管理,配合相关部门对未经许可私自生产销售无人机、违法违规飞行无人机的单位或个人进行查处。

5. 海关部门

海关部门负责对进境无人机及散装组件进行进境监管。

6. 安全监管部门

安全监管部门负责协调并参与无人机安全事故的调查与处理,配合相关部门做好无人机生产经营单位的日常安全管理和安全教育培训等工作。

三、任务总结

无人机各部门间管控职能有主次、有配合,也有交叉,只有各部门工作人员忠于职守、互相配合,才能更好地监管无人机的安全飞行。

任务11.3 无人机飞行管理内容及相关法律法规

一、任务导入

除个人消费娱乐目的外的无人机飞行作业及运营都需要得到政府或空管等监管部门的允许。本任务从空域和无人机飞行管理两个方面入手,介绍相关的法律法规。

二、任务实施

知识点1:无人机分类等级说明

根据《民用无人机驾驶员管理规定》咨询通告中的内容,无人机分类等级说明如表11-2所列。

表11-2 无人机分类等级说明

分类等级	空机质量/kg	起飞全重/kg
I	0<W≤0.25	
II	0.25<W≤4	1.5<W≤7
III	4<W≤15	7<W≤25
IV	15<W≤116	25<W≤150
V	植保无人机	
VI	无人飞艇	
VII	超视距运行的I、II类无人机	
XI	116<W≤5 700	150<W≤5 700
XII	W>5 700	

说明:
① 实际运行中,I、II、III、IV、XI类有交叉时,按照较高要求的一类等级分。
② 对于串、并行运行或者编队运行的无人机,按照总重量分类。
③ 地方政府对于I、II类无人机重量界限低于本表规定的,以地方政府的具体要求为准。
④ 分布式操控的无人机系统,其操控者个人无须取得无人机驾驶员执照。
⑤ 分布等级排列顺序由低到高依次为:VII、III、IV、XI、XII,具有高分类等级执照的技术人员可行使低分类等级执照权利。

知识点2:空域的管理及相关法规

空域是指一个国家在其领空中划分出来的,用于飞行需求的空间。针对空域,我国设置了

7 个地区空管局,具体包括:中南空管局、华东空管局、华北空管局、西北空管局、东北空管局、西南空管局、新疆空管局。地区空管局在不同的民航机场、航路中还会设置不同的空管分局/空管站,以便对民航飞机进行监控和管理。

民用无人驾驶航空器系统所使用的空域包括融合空域和隔离空域。融合空域是指与其他有人航空器同时使用的空域。隔离空域是指限制其他有人航空器的进入,专门分配给无人驾驶航空器使用的空域。

《民用无人驾驶航空器系统空中交通管理办法》规定:"民用无人驾驶航空器飞行应当为其单独划设隔离空域,明确水平范围、垂直范围和使用时段。可在民航使用空域内临时为民用无人驾驶航空器划设隔离空域。飞行密集区、人口稠密区、重点地区、繁忙机场周边等空域,原则上不划设民用无人驾驶航空器飞行空域。"

无人机通常与有人驾驶航空器隔离运行,为其划设专门的隔离空域,与有人航空器保持一定距离。隔离空域务必根据飞行性质和飞行区域遵照政府相关规定进行申报。

知识点 3:无人机的管理及相关法规

无人机的管理主要包括无人机产品信息的登记备案和适航管理。

1. 无人机产品信息的登记备案

中国民航总局在 2017 年 6 月 1 日正式公布了《民用无人驾驶航空器实名制登记管理规定》,要求即日起对起飞重量超过 250 g(含 250 g)的民用无人机,按照管理规定实施实名登记备案制度。2017 年 8 月 31 日后未按照管理规定进行实名登记和粘贴登记标志的无人机的飞行将被视为非法行为,无人机的使用也将受限制。

备案登记网站为 https://uas.caac.gov.cn,需要填写的信息包括:

① 制造商名称、注册地址和联系方式;
② 无人机产品名称、型号、类别;
③ 无人机空机重量和最大起飞重量;
④ 无人机购买者姓名及联系方式。

2. 适航管理

民用航空器的适航性是指该航空器包括其部件及子系统的整体性能和操纵特性在预期运行环境和使用限制下的安全性和物理完整性。

民用航空器的适航管理是以保障民用航空器的安全性为目标的技术管理,是政府适航部门在制定了各种最低安全标准的基础上,对民用航空器的设计、制造、使用和维修等环节进行科学统一的审查、鉴定、监督和管理。

目前,由于我国无人机适航管理规章及标准空白,无人机机型多且运行环境复杂,无人机管理机构人员储备不足且缺乏经验,因此无人机适航管理体系急需完善。2018 年在民用无人驾驶航空器发展国际论坛上有专家指出,中国民用航空局将利用物联网、大数据、区块链等技术进行运行风险评估,面向"智慧化、数据化、生态化"方向发展,建立无人机适航标准和适航管理体系。

3. 人的管理

对人的管理包括对无人机拥有者和无人机驾驶员的管理。

①《民用无人驾驶航空器实名制登记管理规定》明确指出,最大起飞重量超过 250 g(含 250 g)的民用无人机拥有者必须在"无人机实名登记系统"中实名登记其拥有产品的信息,并

将系统给定的登记标志粘贴在无人机上,否则其无人机的使用将受影响。

②《民用无人机驾驶员管理规定》明确指出了我国民用无人机系统驾驶人员的资质管理办法。针对不同类型的民用无人机、不同的飞行环境,对无人机驾驶员给出了三种不同的管理方案,一是驾驶员自行负责,无需证照管理;二是由行业协会实施管理,中国民用航空局飞行标准司可以实施监督;三是由局方实施管理。

三、任务总结

无人机飞行空域划设应遵循统筹规划、灵活使用、安全高效原则,充分考虑国家安全、社会效益和公众利益,科学区分不同类型无人机的飞行特点,以隔离运行为主,兼顾部分混合飞行需求,明确飞行空域的水平、垂直范围和使用时限。

任务 11.4　无人机飞行计划申请及相关法规

一、任务导入

目前来说,无人机的空域申请是不对个人开放的,只对政府部门、事业单位和企业开放。民用无人机进行飞行前,必须根据飞行性质和飞行区域遵照政府相关规定进行申报。目前各地区飞行计划申请流程不同,对于不熟悉流程的人而言,会相对烦琐。

二、任务实施

下面以北京飞行计划申请流程为例,为读者提供一个参考。北京市北空司令部航管处早在 2015 年 11 月发布了《关于重申无人驾驶航空器飞行计划申请的函》一文,文中明确规定了单位或个人申报无人机的办理流程。

1. 所需材料

① 一份计划申请。内容包括:单位、无人驾驶航空器型号、架数、使用的机场或临时起降点、任务性质、飞行区域、飞行高度、飞行日期、预计开始和结束时刻、现场保障人员联系方式。

② 飞行资质证明。

③ 无人机飞手资格证书。

④ 任务委托合同。

⑤ 任务单位其他相关材料(如被拍摄物体产权单位的拍摄许可)。

⑥ 空域申请书。内容包括:申请原因、申请事项、委托方、航空器信息、飞行时间、飞行地点、任务性质等。

⑦ 公司相关资质证明。

2. 对接单位

中部战区空军、民航华区管理局、北京空管办、北京市公安局、北空航管中心(北京及周边地区)。

3. 申报流程

(1)飞行申请

使用无人驾驶航空器进行航空拍摄前,应在中部战区空军办理对地成像审批手续,再进行飞行计划申请相关事宜。

在机场附近飞行前,应携带所需材料①②③向民航华北地区管理局提出申请,审批成功后到当地派出所备案。

在机场以外区域飞行前,应携带所需材料①②③向中部战区军区提出申请,由军区出具的《飞行任务申请审批》红头文件将自动抄送北京市公安局,北京市公安局将根据空军批文,向任务单位索要所需材料④⑤。然后甲乙双方到所属地派出所与民警面谈、做笔录、多方在笔录上按红手印。整个飞行过程都由所属地派出所派警官跟随。

(2) 空域申请

携带所需材料⑥⑦到北空航管中心申请空域。

4. 注意事项

北京市目前暂未开放娱乐性飞行空域,所有申请必须有具体的任务。

三、任务总结

国内其他省、自治区、直辖市等在无人机空域、飞行计划申报管理方面的政策和实施细则并不一致,有些省份专门设置了无人机飞行服务管理中心,而大部分地区还存在着一定的滞后性。总的来说,无人机作业空域申报还是要事先咨询当地主管部门,遵照当地管理规定进行申报作业。

任务 11.5　无人机驾驶员执照考试要求及相关法律法规

一、任务导入

自 2018 年 9 月 1 日起,民航局授权该行业协会颁发的现行有效的无人机驾驶员合格证将自动转换为民航局颁发的无人机驾驶员电子执照,原合格证所载明的权利一并转移至该电子执照。

二、任务实施

知识点 1:无人机驾驶员执照及等级分类

1. 执照和等级分类

对于完成训练并考试合格的人员,在其驾驶员执照上签注如下信息:

① 驾驶员等级:视距内等级、超视距等级、教员等级。

② 类别等级:固定翼、无人直升机、多旋翼、垂直起降固定翼、无人自转旋翼机、无人飞艇、其他。

③ 分类等级:Ⅲ、Ⅳ、Ⅴ、Ⅵ、Ⅶ、Ⅺ、Ⅻ

2. 颁发无人机驾驶员执照与等级的条件

局方可以为符合相应要求的申请人颁发无人机驾驶员执照与等级,具体要求参考《颁发无人机驾驶员执照与等级的条件》。

3. 执照有效期及其更新

① 按本规定颁发的驾驶员执照有效期限为两年,且仅当执照持有人满足本规定和有关中

国民用航空运行规章的相应训练与检查要求、并符合飞行安全记录要求时,方可行使其执照所赋予的相应权利。

② 执照持有人应在执照有效期期满前三个月内向局方申请重新颁发执照。对于申请人,应出示以下按照《轻小无人机运行规定(试行)》(AC－91－31)批准的无人机云系统上记录的飞行经历时间证明。

A. 在执照有效期满前 24 个日历月内,满足 100 小时。

B. 在执照有效期满前 3 个日历月内,满足 10 小时。

③ 执照在有效期内因等级或备注发生变化须重新颁发时,执照有效期与最高的驾驶员等级有效期保持一致。

④ 执照过期的申请人须重新通过相应的理论和实践考试,方可重新颁发。

知识点 2:无人机驾驶员执照考试内容及流程

1. 考试内容

无人机驾驶员执照考试包括理论考试和实践考试。理论考试是指航空知识理论方面的考试,该考试是颁发民用无人机驾驶员执照或等级所要求的,可以通过笔试或者计算机考试来实施。实践考试是指为取得民用无人机驾驶员执照或者等级进行的操作方面的考试(包括实践飞行、综合问答地面控制站操作),该考试通过申请人在飞行中演示操作动作及回答问题的方式进行。

2. 考试一般程序

按本规定进行的各项考试,应当由民航局(以下均称为局方)指定人员主持,并在指定的时间和地点进行。

① 理论考试的通过成绩由局方确定,理论考试的实施程序可参考《民用无人机驾驶员理论考试一般规定》。

② 局方指定的考试员按照《民用无人机驾驶员实践考试一般规定》的程序,依据《民用无人机驾驶员实践考试标准》来实施实践考试。

③ 局方依据《民用无人机驾驶员实践考试委任代表管理办法》委任与管理实施实践考试的考试员。

④ 局方依据《民用无人机驾驶员考试点管理办法》对理论及实践考试的考试点实施评估和清单制管理。

然后局方参照《颁发无人机驾驶员执照与等级的条件》为通过的申请人颁发无人机驾驶员执照与等级。无人机驾驶员执照持有人若受到刑事处罚,期间不得行使所持执照赋予的权利。

三、任务总结

综合本节内容,无人机要合法飞行,重点需要考虑下面几点内容(见图 11－1)。

【知识点总结】

本单元知识点思维导图如图 11－2 所示。

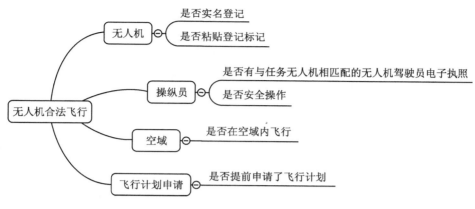

图 11-1 无人机合法飞行要求

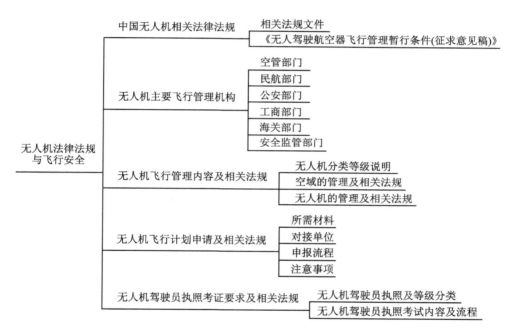

图 11-2 知识点思维导图

单元测试

学完本单元后,请同学们完成下表内容,并由教师给出综合评价。

班　级		姓　名		学　号		日　期	
一、相关知识 　1.阐述无人机作业申报流程及其特点。 　2.简述实名备案制度的操作流程。 　3.讨论什么是违规飞行和引起无人机飞行事故的原因。 　4.飞行计划的内容主要包括那些。 　5.阐述如何建立健全的无人机飞行安全保障体系。 二、评价反馈 1.自我评价 2.学生建议							
成绩评定				教　师			

参考文献

[1] 杨华宝. 飞行原理与构造. [M]. 西安:西北工业大学出版社,2016.

[2] 周建民. 无人机导航技术应用与发展趋势[J]. 中国电子科学研究院学报,2015(3): 274-277;2015(3):286.

[3] 吴森堂. 飞行控制系统[M]. 北京:北京航空航天大学出版社,2013.

[4] 孙毅. 无人机驾驶员航空知识手册[M]. 北京:中国民航出版社,2014.

[5] 邢琳琳. 飞行原理[M]. 北京:北京航空航天大学出版社,2016.

[6] 徐华舫. 空气动力学基础[M]. 北京:国防工业出版社,1979.

[7] 谢辉,王力,张琳. 一种适用于中小型无人机的新型螺旋桨设计[J]. 航空工程进展, 2015,6(1):172-176.

[8] 贾玉红. 航空航天概论[M]. 北京:北京航空航天大学出版社,2013.

[9] 王永虎. 直升机飞行原理[M]. 成都:西南交通大学出版社,2017.

[10] 王宝昌. 无人机航拍技术[M]. 西安:西北工业大学出版社,2016.

[11] SIGTHORSSON D O. Control-Oriented Modeling and Output Feedback Control of Hypersonic Air-Breathing Vehicles[D]. USA,Columbus:The Ohio State University,2008.

[12] 马辉,袁建平,方群. 吸气式高超声速飞行器动力学特性分析[J]. 宇航学报, 2007,28(5):1100-1104.